누가 내 시간을 훔쳐 갔지?

청소년을 위한 지속 가능한 온라인 생활

누가 내 시간을 훔쳐 갔지?

초판 1쇄 펴낸날   2025년 12월 15일

지은이   김지윤
펴낸이   홍지연

편집   홍소연 김선아 김영은 이예은 차소영 조어진 서경민
디자인   이정화 박태연 정든해 이설
마케팅   강점원 원숙영 김신애 김가영 김동휘
저작권   한지훈
경영지원   정상희 배지수

펴낸곳   ㈜우리학교
출판등록   제313-2009-26호(2009년 1월 5일)
제조국   대한민국
주소   04029 서울시 마포구 동교로12안길 8
전화   02-6012-6094
팩스   02-6012-6092
홈페이지   www.woorischool.co.kr
이메일   woorischool@naver.com

ⓒ 김지윤, 2025
ISBN 979-11-6755-348-5 43500

만든 사람들
편집   김영은
표지 디자인   윤정우
본문 디자인   이설

누가 내 시간을 훔쳐 갔지?

김지윤 지음

우리학교

프롤로그

여러분이 이 글을 읽고 있는 지금, 저는 아마도 제주도에 있을 겁니다. 아니, 동해 바다가 보이는 카페에 앉아 원고를 쓰고 있을 수도 있어요. 2024년 새해에는 대만의 수도 타이베이에서 글을 쓰고 있었죠. 가을에는 일본 도쿄의 호텔과 카페에서 업무를 진행했습니다. 저는 인터넷만 연결되어 있다면 화면을 들고 어디서든 일할 수 있는 사람이거든요. 이렇게 사는 사람을 '디지털 노마드'라고 부르기도 해요.

제 일은 기본적으로 화면을 통해 이뤄집니다. 글, 카드 뉴스, 영상 등 고객에게 필요한 디지털 콘텐츠를 만들어 각종 소셜 미디어 채널에 업로드하는 일이 제 업의 일부입니다. 종종 화면 바깥에서 사람들을 만나 회의하거나 식사하기도 하지만, 보통은 화상으로 미팅을 진행합니다. 출판 업무를 위해 작가들과 소통할 때도, 새로운 프로젝트를 시작하기 위해 같이 일할 사람을 모을 때도 화면에서 만납니다. 심지어 글을 쓰기 위해 말레이시아나 인도에 있는 사람에게 메일을 보내 약속을 잡고 화상 인터뷰를 진행하기도 합니다.

화면이 저에게 가져다준 변화는 더 있습니다. 저와 결혼한 사람은 학교 친구도, 동네 친구도 아니에요. 친구가 소개해 준 사람도 아니고요. 우연히 가입한 페이스북 글쓰기 동호회에서 처음 알게 된 사람이에요. 아무런 접점이 없는, 그전까지 전혀 모르던 사람이었지만 '글쓰기'라는 공통분모 하나로 인터넷에서 만나 친해진 사이였지요. 우리 둘의 결혼식에는 화면을 통해 사귄 다양한 친구들이 찾아와 축하 인사를 건넸답니다.

저는 30년 가까이 서울의 한 동네에서 가족들과 함께 살았는데, 화면을 통해 국경을 넘나들며 일하다 보니 어느 날 문득 이런 생각이 들었습니다. '꼭 서울에 살아야 할까?' 인터넷과 화면만 있다면 어디서든 별반 다르지 않게 일하고 살아갈 수 있겠다는 예감이 들었어요. 그래서 서울을 떠나 다른 지역에 살기로 결정했습니다. 한 번도 살아 본 적이 없는 곳이라도 화면만 연결되어 있다면 얼마든지 잘 지낼 수 있을 거라 예상했지요.

남편과 함께 서울을 떠나면서 회사도 차렸습니다. 그전까지 회사원으로서 디지털 콘텐츠를 만들었다면, 회사를 차린 뒤부터는 원격으로 일하는 데 익숙해졌습니다. 온라인에는 저 같은 프리랜서를 찾는 구인 사이트가 많아졌어요. 가끔 제 소셜 미디어나 이메일로 '이런 일을 해 줄 수 있나요?' 하며 의뢰가 들어와요. 여럿이 협업하는 프로젝트여도 문제없습니다. 이미 저와 함께 콘텐츠 프로젝트를 진행해 온 파트너들은 런던, 대만, 호주, 서울 등 각지에서 원격으로 일하고 있으니까요.

신기하죠? 가족, 커리어, 시간을 보내는 방식 모두 화면을 통해 완전히 새로워졌습니다. 저는 10대 때는 상상도 못한 30대를 보내고 있어요. 어떻게 이런 변화가 가능했을까요? 결론부터 말하자면, 인터넷이 시간과 공간의 한계를 뛰어넘도록 도와주었기 때문입니다. 미국에 있는 사람과 한국에 있는 사람이 온라인에서 소통할 수 있고 인터넷에 남은 기록은 시간이 지나도 다시 확인할 수 있습니다. 공간과 시간의 제약을 모두 극복했죠. 화면을 통해 우리가 할 수 있는 일, 만날 수 있는 사람, 시간을 보내고 돈을 벌고 중요한 기록을 남기는 방식이 달라진 것입니다.

이는 비단 저만의 이야기는 아닐 겁니다. 이미 여러분도 조금씩 실감하고 있는 현실이죠. 이 책에서는 그 변화에 대해 이야기해 보려 합니다. 온라인으로 연결된 채 살아가는 화면은 어떻게 우리 일상을, 생각을, 미래를 바꾸고 있을까요? 화면과 어떻게 더불어 살아가야 할까요? 이 책이 화면을 통해 자기 삶을 만들어 가는 여러분에게 조금이나마 나침반 역할을 하길 바랍니다.

차례

3부 누가 내 시간을 노리나

4부 로그아웃을 시작합니다

로그아웃

할 수 없는 우리

1부

"벌써 30분이나 지났어?"

화면 속 시간은 유독 빨리 흐릅니다. 10분만 유튜브를 본다
고 해 놓고 30분을 보고, 30분만 게임하려 했는데 1시간이
사라져요. 잠깐 이것저것 찾아보며 댓글이나 구경하려 했지
만 2시간 가까이 시간을 써 버리기도 하고요.
내 손에 찰싹 달라붙어 있는 이 녀석, '화면'은 왜 이리 시간
을 잡아먹는 걸까요? 화면에 쓰는 시간을 줄이고 싶지만 그
게 맘처럼 쉽지 않아요. '스크린 타임'을 줄이는 일이 나에게
만 이렇게 어려운 걸까요? 어쩌다 이렇게 많은 시간을 화면
과 보내게 됐을까요?

태어나면서부터
접속 중

화면 앞에서 자란 우리

퀴즈를 내 볼게요. 한국 사람은 평생 동안 인터넷에서 얼마나 많은 시간을 보낼까요? 무려 34년입니다. 일주일 중 사흘 정도 온라인에 시간을 쏟는다는 뜻이죠. 이는 사이버 보안 기업 노드VPN(NordVPN)이 2021년부터 2022년까지 실시한 설문 조사 내용이에요. 그런데 이 조사에 따르면 '인터넷에서 보내는 시간' 1등은 한국 사람이 아니라고 해요. 홍콩 사람은 44년, 브라질 사람은 41년이라고 하니까요. 대만 사람은 한국과 엇비

숫한 33년을 쓴다고 하고요. 가장 적은 시간을 쓴다는 일본은 11년이라고 하지만, 그런 일본에서도 18~29세의 젊은이들은 인스타그램에 매달 1억 시간을 들인다고 해요. 어마어마한 수치죠?

아직 놀라기는 이릅니다. 한국언론진흥재단이 발간한 「2022 10대 청소년 미디어 이용 조사」 보고서에 따르면 우리나라 초등학교 고학년과 중고등학생들은 하루 평균 8시간을 인터넷에 사용한대요. 초등학교 때는 평균 6시간이었다가 중학생 때 8시간, 고등학생 때 10시간 내외로 늘어난다고 해요. 하루에 7~8시간 잔다고 가정한다면 우리는 24시간 중 16~17시간을 깨어 있는데, 그중 절반에 가까운 시간을 온라인에서 보낸다는 뜻이지요.

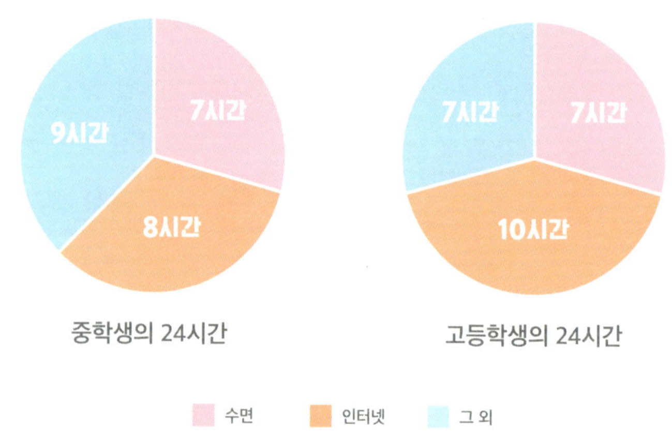

중학생의 24시간   고등학생의 24시간

이런 통계 결과는 어쩌면 당연합니다. 사실상 밥 먹을 때에도, 쉬는 시간에도, 그 외 눈을 뜨고 있는 시간 틈틈이 화면을 들여다보며 살아가고 있으니까요. 스마트폰이나 태블릿 PC를 언제 처음 봤는지 기억하나요? 유치원생 때? 어린이집 다닐 때? 아마 기억나지 않을 거예요. 태어난 이래 화면을 곁에 두고 살았으니까요.

▶ 엄마 아빠도 화면 세대였다고?

혹시 N세대라는 말을 들어 보았나요? N세대란 쉽게 말해 '넷(Net) 세대'를 가리키는 표현입니다. 네트워크를 통해 살아가는 세대를 뜻해요. 온라인을 기본 조건으로 장착하고 살아가는 요즘 청소년을 나타내는 단어 같나요? 이 용어는 놀랍게도 여러분이 태어나기 한참 전인 2000년 즈음에 등장했답니다. 생각보다 오래된 단어지요.

1998년에 출간한 『N세대의 무서운 아이들』이라는 책에서 미래학자 돈 탭스코트는 인터넷과 함께 자라는 당시 10~20대(1977년도 이후에 태어난 사람들)를 N세대라 불렀습니다. 바로 여러분의 부모님 세대예요. 당시 신문 기사에서는 이들을 이렇게 묘사했습니다.

네트워크를 삶의 터전으로 삼은 아이들. 어디서 많이 들어본 듯하지 않나요? "요즘 애들은 스마트폰 없으면 1초도 못 산다."고 말하는 부모님의 목소리가 음성으로 지원되는 것 같아요. 하지만 20년 전 부모님이 어렸을 때는 할머니 할아버지에게 비슷한 꾸중을 들었던 겁니다.

화면을 끼고 사는 오늘날 우리의 모습은 N세대라는 과거에서 이어져 내려왔습니다. 달라진 점이 있다면 화면과 나 사이의 거리입니다. 부모님 세대는 데스크톱 컴퓨터를 주로 썼습니다. 컴퓨터가 있는 곳에 가야만 화면 속 세상에 들어설 수 있었어요. 채팅이 소통 수단이요, 아바타가 분신이라 해도 그걸 매분, 매초 확인할 수는 없었습니다. 부모님 세대는 화면과 어느 정도 거리를 두고 있었지요.

화면과 함께
진화하는 일상

20년쯤 전, 제 부모님 휴대 전화에는 인터넷에 접속하는 버튼이 따로 있었습니다. 그걸 클릭하면 조그마하고 그래픽도 '후진' 휴대 전화로 무선 인터넷에 연결될 수 있었어요. 하지만 10분 남짓 인터넷을 쓰는 것만으로도 수만 원의 통신비를 내야 했죠. 호기심에 한 1~2분 온라인 웹사이트를 들여다보다 얼른 휴대 전화를 닫았던 기억이 납니다.

하지만 세상이 달라졌습니다. 인터넷 속도가 빨라졌고, 화면의 사양이 개선됐습니다. 그뿐 아니라 휴대 전화를 통해 얻을 수 있는 경험이 훨씬 다양해졌습니다.

단적인 예를 들어 볼까요? 저는 초등학교, 중학교, 고등학교

휴대 전화를 통해
얻을 수 있는 경험이
훨씬 다양해졌습니다.

때 각각 서로 다른 온라인 서비스를 이용했답니다. 초등학생 때는 '버디버디'라는 메신저가 유행이었어요. 내 아바타에 이름을 붙이고 아바타를 한껏 꾸몄지요. 이는 중학생 때 '싸이월드 미니홈피'를 꾸미며 자기 블로그를 운영하는 것으로 확장됐습니다. 고등학생 때 페이스북이 등장한 후 대학교 친구들과는 대부분 페이스북, 인스타그램으로 소통했고요. 내가 직접 촬영한 사진에 필터를 입히고 내 글을 더 널리 보여 주는 식으로 행동 양식이 변화했습니다. 이때부터 셀프 카메라, 즉 셀카가 널리 퍼졌던 것으로 기억합니다. 스마트폰이 등장하고 인스타그램 필터가 인기를 얻은 뒤로는 더 많은 사람이 자기 얼굴을 촬영해 화면에 게시하기 시작했습니다. 음식을 촬영하는 문화도 그 무렵부터 시작되었어요.

화면 속 세상은 앞으로 더더욱 다채로워질 예정입니다. N세대였던 부모님은 상상치 못할 경험들이 우리를 기다리고 있죠. '버추얼 유튜버(버튜버)'를 예로 들어 볼까요? 과거에는 버튜버가 되기 위해 사람의 움직임을 그대로 따라 하는 비싼 특수 장비나 복잡한 프로그램이 꼭 필요했어요. 그래서 버튜버되기가 무척 어려웠죠. 하지만 이제는 상황이 많이 달라졌습니다. 사양 좋은 컴퓨터만 있다면 누구나 버튜버로 활동할 수 있을 만큼 진입 장벽이 낮아졌어요. 인공 지능(AI) 기술의 도움을 받으면, 몸 전체

가 아닌 얼굴이나 목소리만 골라서 나만의 아바타로 만드는 일
도 가능하죠.

　그렇다면 이렇게 발전한 기술로 탄생한 가상 캐릭터들은 화
면 속에서만 머물까요? 정답은 '아니요!'입니다. 화면 속 캐릭터
가 현실에서 얼마나 크게 성장할 수 있는지 보여 주는 사례가
늘고 있거든요. 가상 아이돌 그룹 '플레이브'와 '이세계아이돌'
이 좋은 예시예요. 이들은 실제 사람의 목소리와 움직임을 바탕
으로 만들어진 캐릭터예요. 유튜브 영상이나 실시간 방송으로,
즉 화면을 통해 팬들과 소통하며 팬덤을 키워 나가지요. 플레이
브는 2024년 10월 서울의 아주 큰 공연장에서 팬 콘서트를 열
었는데, 모든 좌석이 매진될 정도로 인기가 대단했어요. 팬들은
대형 스크린에 나타난 가상 아이돌을 향해 뜨겁게 환호하고 응
원했답니다.

130만 화소에서 2억 화소로

　화면은 정말 빠르게 발전하고 있어요. 지하철이나 버스 안
풍경을 떠올려 보세요. 많은 사람이 스마트폰이나 태블릿 PC
로 영상을 보고 있죠? 여러분의 부모님이 어렸을 때는 상상도

못할 풍경이었답니다. 혹시 유튜브에서 〈무한도전〉이나 〈개그 콘서트〉 같은 옛날 TV 프로그램을 본 적 있나요? 이 프로그램들이 처음 방송되던 시절에는 대부분 TV로 봐야 했어요. 당시 휴대 전화는 성능이 좋지 않아서 동영상을 오래 볼 수 없었거든요.

그래서 옛날 스마트폰 광고에는 '화소'라는 단어가 자주 등장했습니다. 화소란 컴퓨터로 사진이나 그림을 볼 때 기본이 되는 단위를 말해요. 화소가 많을수록 화질이 선명해요. 약 20년 전 화제를 모았던 한 휴대 전화 광고의 문구는 다음과 같아요.

130만 화소 카메라 내장
130분 캠코더 촬영
디지털 익사이팅 애니콜

그렇다면 2023년 출시된 삼성 갤럭시 S23 화면의 화소는 얼마일까요? 2억입니다. 화소 개수가 20년 만에 150배 이상 늘어난 셈이죠. 스마트폰을 보면서 실시간으로 사진을 인터넷에 업로드하거나 동영상을 보는 것 자체가 불과 10년 전에는 상상할 수 없는 행동이었습니다.

반면 지금 우리에게는 스마트폰으로 영상을 보는 일이 너무

나 자연스럽습니다. 좋아하는 아이돌의 '직캠' 영상을 보고, 숏폼을 위에서 아래로 스크롤링하며 보는 게 어색하지 않습니다. 와이파이에 연결되어 있다면 데이터를 다 써 버릴까 걱정하지 않아도 됩니다. 설령 무선 데이터를 써도 습관처럼 유튜브, 인스타, 틱톡 같은 플랫폼에 접속하지요. 이동 시간에 게임도 합니다. 화면이 점점 더 똑똑해지면서 우리가 화면으로 접할 수 있는 콘텐츠의 종류와 질이 바뀌고 있습니다.

> 📁 **숏폼**
>
> 길이가 짧은 영상 콘텐츠를 말한다. 보통 1분 내외로 만들어지며, 틱톡, 유튜브, 인스타그램 같은 플랫폼에서 주로 소비된다. 짧은 시간에 강한 인상을 주는 게 특징이며, 정보, 광고, 엔터테인먼트 등 다양한 분야에서 활용되고 있다.

▶ 왜 노래 한 곡은 보통 3분일까?

이런 놀라운 변화는 동영상에만 그치지 않아요. 혹시 음악 듣는 걸 좋아하나요? 여러분은 보통 어떻게 음악을 듣나요? 멜론이나 스포티파이, 유튜브 뮤직 같은 앱에 구독료를 내고 듣고 싶은 음악을 마음껏 '스트리밍'해서 듣고 있죠. 발라드, 댄스, 팝, 힙합 등 장르를 가리지 않고요.

그런데 대부분의 대중음악 길이가 3분 내외라는 사실을 알고 있나요? 왜 그럴까요? 이는 19세기로 거슬러 올라갑니다. 19세기에는 음악을 기록하고 듣기 위해 레코드판을 썼어요. 레코드판은 한쪽 면에 4분 분량의 음원만 기록할 수 있었습니다. 양면을 합쳐도 9분 남짓이었죠. 이때부터 노래 길이는 3분 내외로 굳어졌답니다. 나중에 기술이 발전해 훨씬 긴 길이의 음원을 기록할 수 있게 되었지만, 그럼에도 대중적인 노래는 '4분'에 맞춰졌어요. 듣는 사람도 그보다 긴 노래를 지루하다고 느끼게 됐고, 라디오 방송국에서는 3분 내외 음원에 맞춰 프로그램을 구성했지요. 이렇다 보니 1975년 밴드 '퀸'이 〈보헤미안 랩소디〉라는 곡을 만들 때 '그렇게 긴 곡은 히트할 수 없다'며 주변에서 강하게 반대했대요.

그런데 요즘 우리가 듣는 대중음악들은 더욱 금방 끝나요. 멜론에 따르면 1998년에 음원 길이는 평균 4분 14초였어요. 2008년에는 3분 52초, 2018년에는 3분 49초로 점점 짧아졌고요. 요즘 아이돌 그룹의 곡 중에는 2분 30초를 넘기지 않는 음원도 있어요. 이러한 변화가 생긴 이유는 무엇일까요? 여러 가지가 있겠지만 음악을 감상하는 주도권이 레코드판에서 온라인 화면으로 넘어온 것이 큽니다. 예전에는 앨범에 수록된 순서대로 감상했지만, 수많은 곡을 실시간으로 보여 주는 스마트폰 화면 시대에는 그러지 않죠. 마음에 들지 않으면 다른 노래로 떠나 버릴 수 있어요. 그래서 음악 역시 살아남기 위해 점점 더 짧아지고 있는 것입니다.

아직 스마트폰의 용량이 크지 않던 시절에는 음악을 주로 MP3 플레이어로 들었어요. '소리바다'같이 음원을 다운로드할 수 있는 웹사이트가 인기였죠. 여기서 음악 파일을 내려받아서 기기에 따로 옮긴 후 노래를 듣는 게 일상이었어요. 인터넷에 연결된 상태에서 실시간으로 재생하는 '스트리밍'이라는 개념이 없었죠. 그러다 스마트폰이 MP3 플레이어의 역할까지 하게 되면서, 그리고 다양한 음원을 바로 재생해 들을 수 있는 온라인 스트리밍 서비스가 사랑받으면서 음악을 듣는 경험도 달라지게 된 겁니다.

연결이 먼저, 만남은 나중에

이모티콘이 언제 처음 생겼는지 아시나요? 무려 1982년이랍니다! 미국 카네기멜런대학교 컴퓨터과학과 스콧 팰먼 교수의 제안이었어요.

> 아래의 문자 형태를 '농담'을 뜻하는 표시로 사용할 것을 제안합니다.
>
> :-)
>
> 옆으로 읽어 주세요. 사실, 이런 경우라면 농담이 아니라는 것을 표시하는 게 더 경제적일 수 있습니다. 농담이 아니라는 표시는 이렇게 쓰세요.
>
> :-(

학교 온라인 게시판에 자신의 감정이나 표정을 표현하기 위해 이런 아이디어를 떠올렸다고 해요. 이때만 해도 온라인 게시판에는 글자만 적을 수 있었거든요.

인터넷은 기본적으로 사람과 사람을 '연결'하는 데 강점이 있어요. 사람들은 온라인이 생겨났을 때부터 다른 사람과 만나고 싶어 했죠. 우리가 익히 아는 소셜 미디어가 탄생하기 전부터 온라인에는 사람과 사람을 이어 주는 서비스가 존재했답니다. 한때 선풍적인 인기를 끌었던 '싸이월드'가 대표적인 사례예요. 싸이월드는 자기만의 디지털 공간을 꾸밀 수 있는 온라인 서비스였어요. 게시물을 자유롭게 올리고, 아바타를 치장하고, 음원을 구매해서 배경 음악으로 쓸 수도 있었죠. 다른 사람들의 공간을 '파도타기'로 찾아가곤 했고요. 한때 매일 245만 명이 이 서비스를 사용했답니다.

화면 속에서 사람들이 연결되는 방식도 점점 더 다채로워지고 있어요. 예컨대 사람들이 연애를 시작하는 방식도 크게 달라졌습니다. 미국 스탠퍼드대학교 연구 팀의 '커플은 어떻게 만나는가'라는 연구에 따르면, 1960년대에는 대부분 친구의 소개로 연애를 시작했다고 해요. 2000년대까지도 이 방법이 가장 흔했죠. 하지만 2010년에 들어서자 순위가 역전됐어요. 연인을 "온라인으로 만났다."라고 응답한 사람의 비율이 "친구를 통해 만났다."라는 비율을 앞선 거예요. 이후 2020년대가 되자 오직 "온라인 화면을 통해 만났다."라는 사람이 압도적으로 많아졌죠. 화면이 사람과 사람을 잇는 가장 중요한 무대가 된 거예요.

연애뿐만이 아니에요. 우리가 친구를 사귀는 방식 역시 화면 속 세상이 완전히 바꿔 놓았습니다. 예전에는 친구의 대부분을 동네나 학교 같은 현실 공간에서 만났지만, 지금은 온라인에서도 나와 마음이 맞는 사람을 발견할 수 있어요. 내가 관심 있는 온라인 커뮤니티 게시판에서 자주 소통하는 사람에게 친근감을 느끼기도 하고, 낯선 사람과 같은 게임을 하면서 우정을 쌓기도 하죠. 특히 같은 아이돌을 좋아한다면, 현실에서 만난 친구든 화면 속 세상에서 만난 친구든 아무 상관없어요. 나와 취향만 같다면 지구 반대편에 있는 사람과도 얼마든지 소통할 수

우리가 친구를 사귀는 방식 역시
화면 속 세상이
완전히 바꿔 놓았습니다.

있지요. 화면이 시공간의 제약을 없애 준 덕분입니다.

화면 속 숫자가 돈이 되다

돈도 화면을 통해 거래하는 것이 자연스러워지고 있어요. 대표적인 예시가 인터넷 뱅킹이지요. PC나 스마트폰으로 돈을 주고받는 일이 일상이 됐어요. 적금을 넣고 싶을 때 직접 은행을 방문하지 않아도 돼요. 주식 투자도 앱을 통해 금방 처리할 수 있고요. 미국, 중국 같은 해외 주식에 투자하는 것도 얼마든지 가능하죠. 2024년 기준, 해외 주식에 투자하는 국내 투자자가 30년 전에 비해 70만 배나 늘어났다고 해요.

이러한 변화에 따라 화면 밖 은행은 줄어들고 있습니다. 금융감독원의 2023년 조사에 따르면 최근 5년 동안 시중 은행의 오프라인 지점이 651곳이나 문을 닫았다고 해요. 아예 오프라인 점포가 없는 인터넷 은행도 생겨났어요. 이런 은행의 자산 규모는 점점 늘어나 2024년 처음으로 100조 원을 넘어섰고요. 신용 카드나 현금 대신 간편 결제 서비스를 이용하는 사람도 계속해서 많아지고 있습니다.

돈을 쓰는 방식만 달라진 게 아니에요. 현실에서는 돈이 아니었던 것이 화면 속 세상에서 새로운 가치를 인정받아 돈처럼 쓰이는 일도 벌어지고 있답니다. 게임을 좋아한다면 금방 알 수 있을 거예요. 게임 속 뽑기를 통해서만 얻을 수 있는 한정판 아이템은 가치가 엄청나게 올라가기도 하니까요. 게임 회사에서는 현금을 주고 아이템을 거래하지 못하도록 막고 있지만 유저들 사이에서 아이템 거래 시장이 따로 만들어졌을 정도죠.

화면 속 숫자가 돈이 된 또 다른 예가 바로 암호 화폐입니다. 비트코인을 들어 봤나요? 유명한 암호 화폐의 이름이에요. 사실 암호 화폐는 '철수가 비트코인 ○○개를 갖고 있다'는 화면 속 기록에 불과해요. 지폐나 동전 같은 형태로 실제로 존재하는 돈이 아니에요. 다만 블록체인이라는 아주 복잡한 프로그램이 이 기록이 중간에 바뀌거나 조작되지 않도록 방지하는 역할을 하죠. 이 기록 자체는 돈이 아니에요. 하지만 영희가 철수에게 무언가를 받고 그 대가로 비트코인을 주거나, 또는 돈을 내고 비트코인을 사면서부터 가격이 생겨납니다. 사람들 사이의 '약속'에 따라 비트코인이 돈의 역할을 하는 셈입니다. 게임 아이템을 돈 주고 살 만큼 가치 있다고 여기는 것과 비슷하지요.

예전에는 온라인 세상이 주로 콘텐츠를 보고 듣거나 다른 사람과 연결되는 경험을 줬다면, 이제는 돈을 주고받거나 중요한 기록을 남기고 보관하는 금고나 계약서 같은 역할까지 하고 있어요. 이는 곧 화면 속 세상이 우리의 행동과 살아가는 방식, 나아가 가치관에도 영향을 미치고 있다는 뜻이기도 합니다.

이제 화면은 단순히 정보나 즐거움을 주는 도구를 넘어, 우리 일상의 모든 순간에 깊숙이 자리 잡았어요. 사실상 우리는 인터넷이 없는 세상을 겪어 보지 못했어요. 당장 오늘 하루 어떻게 보냈는지 되짚어 보면 알 수 있지요. 우리는 PC, 태블릿 PC, 스마트폰 화면 없이 살 수 있을까요? 우리의 하루를 빼곡히 채우고 있는 화면들은 마치 "그럴 수 없을걸?" 하고 말하는 듯합니다.

내 것인 듯 내 것 아닌 내 것 같은 얼굴

스마트폰이 내 몸의 일부?

화면의 발달로 '포노 사피엔스(Phono Sapiens)'라는 신조어가 등장했어요. 현생 인류를 가리키는 '호모 사피엔스'를 패러디한 거예요. 폰 화면을 종일 들여다보며 살아가는 새로운 인류라는 뜻이죠. 2015년에 나온 표현이라고 하니 벌써 10년이 훌쩍 넘었네요.

포노 사피엔스라는 표현에는 '스마트폰이 우리의 신체 일부'라는 의미가 숨어 있어요. 그 정도로 스마트폰은 우리와 떼려야

떼릴 수 없는 사이가 됐다는 뜻이에요. 화면은 우리 뇌를 대신해 연락처를 저장하거나 메모를 기록해 주고, 우리 입을 대신해 메신저로 소통해 주니까요. 우리 손과 발을 대신해 화면으로 물건을 사거나 음식을 주문해서 집 앞에서 받도록 해 주죠. 이 정도면 신체의 일부라고 해도 틀린 말은 아닌 것 같아요.

이제 화면은 단지 우리 생활만 바꾸는 게 아니라 우리의 생각, 행동, 삶의 우선순위를 바꿔 놓고 있어요.

▶

거울보다 익숙한 가짜 얼굴

많은 사람이 한동안 '인공 지능 프로필' 사진에 푹 빠져 있었죠. 이 기능은 몇 가지 사진을 재료 삼아서 인공 지능이 새로 이미지를 생성해 주는 서비스예요. 내 얼굴 사진을 여러 장 넣거나 반려동물 사진을 업로드하면 인공 지능이 멋진 프로필 사진을 만들어 주는 식이지요. 얼마나 인기가 좋았던지 이 서비스를 선보였던 스노우, 에픽이라는 두 회사는 2023년 각각 약 348억 원, 195억 원이나 벌었어요. 서비스 이용료가 월간 3000~7000원이었으니 얼마나 많은 사람이 이 서비스를 썼는지 짐작할 수 있겠죠.

이 때문에 논란이 생기기도 했어요. 인공 지능 프로필 사진을 여권, 운전면허증 등 신분증에 넣는 사진으로 쓰겠다고 제출하는 사람이 갑자기 늘어난 거예요. 이에 정부는 "사진 편집 프로그램, 사진 필터 기능 등을 사용하여 임의로 보정한 사진은 허용 불가"라는 입장문을 발표했어요. 본인 확인을 위해 쓰이는 사진인 만큼 인공 지능이 제멋대로 생성한 이미지를 받아 줄 수 없다는 입장이었죠. 하지만 이에 불만을 표하는 사람들도 있었어요. 이미 사진관에서 신분증 사진을 보정해 주는데 인공 지능이 보정하는 것은 안 된다고 하는 건 이해할 수 없다면서요.

생각해 보면 우리의 진짜 얼굴을 보는 사람보다 화면 속 꾸며진 얼굴을 보는 사람이 더 많을지도 몰라요. 화면 속 내 얼굴은 진짜 내 얼굴과 좀 달라요. 카메라 렌즈를 통해 한 번, 보정 필터를 통해 또 한 번 변형되기 때문이죠. 이런 사진은 전 세계적으로 하루에 얼마나 만들어질까요? 사진 관련 통계를 모아 제공하는 웹사이트 포튜토리얼(Photutorial)에 따르면, 2024년 기준 하루 약 9200만 장이라고 해요. 특히 10대와 20대에게 셀카는 무척 익숙한 문화인데 이들이 셀카를 찍는 데 들이는 시간은 1년이면 약 54시간에 이른다고 합니다. 매주 평균 9장의 셀카를 찍으며 들이는 시간이지요.

저마다의 가짜 얼굴이 진짜 얼굴보다 더 익숙해지면서 웃지 못할 상황이 벌어지기도 해요. 친구의 스마트폰으로 같이 셀카를 찍다가 깜짝 놀란 적이 있나요? 친구의 앱에서는 내 얼굴이 다르게 보정되기도 하잖아요. 친구가 설정해 둔 보정값에 따라 내가 알던 내 모습과는 전혀 다른 내 얼굴이 화면 속에 등장하는 겁니다. 나에게 익숙한 나의 '가짜 얼굴'이 있고, 친구에게 익숙한 친구의 '가짜 얼굴'이 있어요. 저마다 다른 기준으로 꾸민 얼굴을 가지고 있는 셈입니다.

멋진 내 모습을 사진으로 남기는 게 왜 그렇게까지 중요할까요? 왜 우리는 이렇게 화면 속 모습에 신경 쓰는 걸까요? 화면 속 세상이 점점 더 중요해지면서 그곳에서 보이는 내 모습 또한 중요해졌기 때문일 거예요. 누군가는 화면에 보이는 자신의 얼굴이 현실의 얼굴과는 사뭇 다르더라도, 그게 진짜 내 얼굴이라고 여깁니다. 화면은 꾸며진 내가 살아가는 또 하나의 세상이에요. 그 속에 있는 내 얼굴은 진짜 얼굴만큼, 어쩌면 그보다 더 중요한 역할을 합니다.

#나를_업로드합니다

▶ 취미 아니고 일인데요

　화면은 우리가 먹고사는 방식에도 큰 영향을 미쳤습니다. 가장 대표적인 예시는 유튜버일 거예요. 불과 10년 전만 해도 영상을 제작해 유튜브에 업로드하는 크리에이터는 흔치 않았습니다. 그런 일이 직업이 될 수도 없었죠. 제가 2014년 영화를 만드는 동아리에서 활동할 때만 해도 그랬어요. 공모전 상금으로 카메라를 사서 약 30분짜리 영화를 만들었는데, 마땅히 보여 줄 곳이 없어서 유튜브에 영상을 올렸습니다. 큰 뜻은 없었어요.

그저 영상을 보관하는 창고처럼 여겼던 겁니다.

그런데 10년 만에 유튜버는 엄연한 직업으로 인정받기에 이르렀습니다. 과학기술정보통신부의 「2023 디지털 크리에이터 미디어 산업 실태 조사」에 따르면 한국에는 디지털 크리에이터 관련 종사자가 3만 5000명 이상 있다고 합니다. 사업체는 1만 개 이상이고, 산업 전체 매출은 4조 원을 넘어섰지요. 또한 디지털 크리에이터로 일하는 사람의 64.9퍼센트가 30대 이하라고 합니다. 이 조사는 국가가 발표한 첫 공식 통계 자료예요. 이제는 나라 차원에서 주목할 만큼 중요한 산업으로 인정받은 셈이죠.

입소문은 온라인에서부터

디지털 크리에이터가 존재감을 드러내니 과거에는 상상하지 못했던 새로운 성공 방식이 생겨나고 있습니다. 제가 2024년에 편집을 맡았던 책 『실패는 나침반이다』가 좋은 예입니다.

그 책의 작가는 코로나19 때부터 링크드인, 페이스북 같은 소셜 미디어에서 일과 삶에 대한 글을 꾸준히 연재한 크리에이터였어요. 소셜 미디어 채널마다 팔로워가 1만 명을 훌쩍 넘길 정도로 많은 사람이 작가의 글에 공감했습니다. 사람들은 꾸준히 올라오는 글을 보며 작가를 하나의 '브랜드'처럼 여기기 시작했어요. '이 작가의 글은 언제나 유익하고 재미있다'는 기대감이 생긴 거죠. 저는 이러한 신뢰를 바탕으로 화면 속에 흩어져 있던 글을 모아 한 권의 책으로 만들었지요.

책을 냈다는 소식이 전해지자마자 사람들이 온라인으로 책을 구매하기 시작했어요. 화면에서 먼저 입소문을 탄 덕분에 차차 오프라인 서점에서도 인지도를 얻을 수 있었어요. 그 책은 수천 권이 넘게 팔렸답니다. 저는 화면의 힘을 한 번 더 실감했어요.

📁 디지털 크리에이터

유튜브, 인스타그램, 블로그 같은 온라인 공간에서 영상, 글, 이미지 등 다양한 콘텐츠를 만들어 게시하는 사람을 뜻한다. 자신의 경험이나 관심사를 바탕으로 콘텐츠를 제작하며, 취미로 시작했다가 직업으로 이어지는 경우도 많다.

내 계정 보면 다 나와

화면으로 먹고사는 시대가 되면서 온라인 채널이 해킹되는 것에 훨씬 민감해졌어요. 단순한 장난이 아닌 생계를 위협하는 문제가 되었으니까요. 한 유튜브 채널은 프로필 사진과 이름이 갑자기 전기차 회사인 '테슬라'로 바뀌는 황당한 해킹을 당했어요. '채널 없어졌냐'는 구독자들의 문의가 빗발쳤고, 이에 하나하나 대응하느라 진땀을 뺐지요.

이렇게 장난 같은 해킹 한 번에도 채널 소유자는 큰 타격을 입을 수 있고 때로는 소송을 걸기도 해요. 소셜 미디어 채널이 더는 단순한 취미 공간이 아니라는 뜻입니다. 화면을 통해 나를 알리는 명함이자 나만의 개성을 보여 주는 브랜드가 되었으니까요. 그래서 크리에이터들은 인스타그램, 틱톡, 스레드 등 여러 채널에서 일관된 모습으로 활동하는 것을 중요시해요. 물론 화면 밖 실제 나와는 전혀 다른 캐릭터로 활동하는 크리에이터도 있지요. 그렇더라도 그 캐릭터 자체는 일관되게 구축해 활동하죠. 이러한 노력 자체가 바로, 달라진 화면의 무게감을 나타냅니다.

스마트폰 다음 화면은 무엇일까

우리의 삶에 밀착한, 우리 손에서 떠나지 않는 화면은 앞으로 어떻게 변할까요? 아마도 우리에게 가치 있는 더 많은 것이 점점 더 화면 속에 포함되는 방향으로 발전할 겁니다. 나중에는 스마트폰뿐 아니라 훨씬 다채로운 화면들이 우리 삶 구석구석에 자리 잡고 있겠죠. 더 많은 사람이 화면 속 세상에서 시간을 보내게 될 거예요. 이것이 화면을 만드는 사람들이 향하는 목적지라 할 수 있습니다.

스마트폰이 아닌 다른 화면이라 하면 무엇이 떠오르나요? 과연 어떤 화면이 우리 일상에 등장할까요? 전문가들은 '증강 현실(AR) 안경'이 새로운 화면 경험을 가져오리라 예측해요. 이 안경을 쓰면 우리가 보는 현실 풍경 위에 가상 정보가 보이는 거죠. 예를 들어 길을 걸을 때 눈앞에 내비게이션 화살표를 띄울 수도 있고, 안경을 쓴 나에게만 보이는 화면으로 친구와 영상 통화를 할 수도 있어요. 가상 현실(VR) 기술과 달리, 현실과 가상을 자연스럽게 섞어 주는 거죠.

> 📁 **증강 현실**
>
> 현실 세계에 디지털 정보를 겹쳐 보여 주는 기술이다. 스마트폰 화면이나 증강 현실 안경을 통해 눈앞에 있는 사물 위에 글자, 그림, 영상 등이 보이게 만든다. 포켓몬고, 피크민 블룸 같은 게임이나, 실시간으로 가구를 배치해 보는 쇼핑 앱에 쓰이고 있다.

증강 현실 안경보다 '인공 지능 안경'이 훨씬 더 대중화될 것이라는 시각도 있습니다. 증강 현실 안경이 무언가를 보여 주는데 집중한다면 인공 지능 안경은 필요한 정보를 알려 주는 조수 역할이 핵심이에요. 안경에 달린 인공 지능이 안경 알에 비치는 화면을 분석해 주거나 눈앞 외국인이 하는 말을 실시간으로 통역해 주는 거죠.

이렇게 화면을 눈에 달고 다닌다면 우리 삶은 어떻게 달라질까요? 지금도 스마트폰을 손에 달고 사는데 훨씬 더 오랜 시간을 화면 속 세상에 연결된 채 살아가지 않을까요? 단순히 인터넷 이용 시간의 많고 적음이 아니라 '온라인의 존재감'에 주목해야 앞으로 화면과 우리의 관계가 어떻게 달라질지 예측할 수 있습니다.

게다가 앞으로는 더 다채로운 화면이 등장할 거예요. 아직 낯선 사회 현상이 새로운 '상식'이 될지도 모르죠. 2017년 일본에서는 로봇 강아지의 합동 장례식이 치러졌습니다. 2014년부터 수리 서비스가 종료되어 더는 작동하지 않는 로봇 강아지를 위해 장례식을 연 것이죠. 주인들은 로봇 강아지와의 작별을 슬퍼하며 자신의 말벗을 추억했습니다.

로봇 강아지를 애도하는 사람들의 이야기는 조금 특이할 수 있어요. 하지만 인간이 화면을 통해 인간이 아닌 대상에 애착을 가지는 현상은 낯설지 않죠. 인스타그램에는 이른바 '가상 인간'이라 불리는 인플루언서들이 가상의 일상을 공유하고, 사람들은 댓글을 통해 그들과 소통하곤 합니다. '이루다'라는 인공 지능 챗봇이 개인 정보 유출과 윤리 문제로 잠시 서비스를 종료했을 때 '아쉽다'고 반응하는 사람들도 있었죠. 가족이나 친구에게조차 털어놓을 수 없는 속마음을 이루다와 나누며 살갑게 대화했기 때문이었습니다.

이쯤에서 한번쯤 진지하게 고민해 봄 직합니다. 떼려야 뗄 수 없는 화면과의 관계, 앞으로는 어떻게 전개될까요? 우리 삶의 가치 있는 것이 모두 화면 속으로 들어간다면 어떨까요? 내가 사랑하는 대상이 화면 속에만 존재한다면, 내가 하고 싶은 일을 화면 없이는 할 수 없다면, 나를 사로잡는 많은 것이 온라인 세상 없이 존재할 수 없다면 그때 우리의 일상은 어떠할까요?

온라인의 존재감은 차차 커질 거예요. 가랑비에 옷 젖듯, 스스로 인지하지 못한 채 화면 속에서 살아가는 겁니다. 어쩌면 우리의 화면은 영영 꺼지지 않을지도 모릅니다.

오늘 하루 동안 가장 오래 바라본 화면은 무엇일까?

화면을 통해 알게 되고, 화면에서만 만나는 친구가 있다면 현실 친구와 무엇이 다른지 떠올려 보자.

내가 '좋아요'를 누르거나 공유한 콘텐츠에는 어떤 공통점이 있을까?

화면 속 나와 화면 밖 나는 얼마나 닮아 있을까? 다르다면 어떻게 다를까?

미래에는 어떤 화면이 생길까? 미래에 써 보고 싶은 화면이 있다면 이야기해 보자.

나를 말해 준다면

2부

인터넷 밈 중에 '석박사들이 만든 ○○'이라는 표현이 있습니다. 별것 아닌 것 같아 보이는 제품이나 서비스에 '석박사급 연구진이 머리 싸매고 밤새워 만든 결과물'이라는 농담을 붙이는 거예요. 일상에서 쉽게 접하는 평범한 라면 스프나 삼각 김밥일지라도, 거창한 권위를 붙이면 더 재밌어지는 거죠. 동시에 쉽게 대체하기 어려운, 오래 고민해 정교하게 만든 결과물이라는 뜻도 담겨 있습니다.

화면 속 세상도 마찬가지입니다. 우리가 자주 쓰는 앱, 게임, 동영상 플랫폼도 누군가의 고민과 노력이 쌓인 결과물이에요. 말 그대로 '석박사들이 만든 화면'이지요.

화면 속 세상은 우리가 더 많은 시간과 돈을 쓰도록, 그 안에서 더 다양한 활동을 하도록 발전해 왔습니다. 우리는 화면 속 세상에서 편리함과 즐거움을 얻는 대신, 거기에 시간과 관심을 내주며 살아가고 있어요. 우리가 화면에 나도 모르게 의지하며 많은 시간을 쏟아붓게 되는 이유입니다.

우리는 모두
게이머다

게임이 없었던 적 없는 세상

여러분은 인터넷, 모바일, 화면 속 세상이 당연히 존재할 때 태어났어요. PC 통신이 1990년대, 스마트폰이 2009년 무렵 등장했으니까요. 여러분은 그야말로 인터넷이 없었던 적이 없는 세상을 살아가고 있어요.

그런데 디지털 게임도 인터넷만큼이나 오랜 역사를 갖고 있어요. 오락기로 하는 단순한 비디오 게임에서 출발해 실시간으로 여러 사람과 소통하면서 즐기는 게임에 이르기까지 장장 50

년 넘는 세월이 흘렀어요. 온라인 게임 또한 PC 통신의 시작과 함께했기 때문에 족히 30년 이상의 역사를 지니고 있고요.

그사이 세상이 변했습니다. 전 세계 게임 인구가 37억 명에 육박했거든요. 한국콘텐츠진흥원의 「2022 게임 이용자 실태 조사」에 따르면, 국내 게임 이용률은 2022년 기준 74.4퍼센트에 도달했으며, 그중 자녀와 함께 게임을 즐기는 부모님은 응답자의 59.3퍼센트나 됩니다. 같은 기관의 2023년 조사에 따르면 모바일 게임을 10대에 처음 시작하는 친구들이 33.2퍼센트로 가장 많다고 해요. 10대 이전에 접하는 비율도 9.4퍼센트나 되고요. 이제는 많은 사람이 인터넷과 마찬가지로 '게임이 없었던 적이 없는 세상'을 살아가고 있습니다.

📁 PC 통신

스마트폰과 인터넷 보급 이전에 사용되던 온라인 통신 서비스로 하이텔, 천리안, 나우누리 같은 서비스가 대표적이었다. 전화선을 컴퓨터에 연결해 접속해야 했으며, 게시판에 글을 남기거나 동호회 활동을 하고, 자료실에서 파일을 내려받는 식으로 이용했다. 오늘날 우리가 쓰는 온라인 커뮤니티, 메신저, 소셜 미디어의 시작점이었으며, 당시 이용자들에게는 화면 속 세상과 연결되는 첫 경험이었다.

우리는 모두 '게이머'다

(화면 속 세상은) 모두를 게이머로 만들 것이다.

2022년 블록체인 전문 미디어 《코인데스크(CoinDesk)》에 실린 칼럼의 글이에요. 특히 Z세대와 알파 세대는 디지털 공간에서 그냥 게임만 하는 게 아니라 울고 웃고 살림도 차리는 걸 자연스레 받아들인다고 봤죠. 게임의 범위가 넓어지면서 게임 플레이 자체가 일종의 삶의 방식이 된다는 관점입니다.

📁 **Z세대**

1990년대 중반부터 2010년대 초반에 태어난 세대를 말한다. 태어날 때부터 인터넷과 스마트폰이 일상이 된 환경에서 자라 '디지털 네이티브'라고도 불린다. 유튜브, 인스타그램, 틱톡 같은 플랫폼을 통해 자신을 표현하며, 개인의 개성과 다양성을 중요하게 생각한다.

📁 **알파 세대**

2010년대 초반 이후에 태어난 세대를 가리킨다. Z세대보다 더 어릴 뿐 아니라, 태어날 때부터 인공 지능, 스마트 기기, 메타버스 등을 자연스럽게 접한 첫 세대다. 디지털 기술에 능숙하고, 영상이나 짧은 콘텐츠로 정보를 빠르게 받아들이는 특징이 있다.

글로벌 컨설팅 업체 딜로이트의 2022년 보고서에 따르면, 실제로 전 세계의 Z세대는 '게이머'라는 정체성으로 통합니다. 미국, 영국, 독일, 브라질, 일본의 Z세대 응답자 90퍼센트 이상이 "비디오 게임을 해 본 적 있다."라고 답했대요. 국가나 문화권마다 차이가 날 법도 한데 그렇지 않더라고요. 그들은 매주 11~12시간을 게임에 썼어요. 또한 게임 덕분에 "힘든 시기를 견딜 수 있고" "자신의 정체성을 지지받으며" "자신을 더 자유롭게 표현한다."라고 느끼고 있었어요.

그러니 화면을 매일 곁에 두는 세대, 특히나 게이머에 속하는 청소년들에게 게임이란 어른들이 말하는 것 이상의 의미일 거예요. 머리를 식히려고 가볍게 하는 게임, 심심풀이로 하는 게임, 남들이 하니까 하는 게임, 하다 보니 재밌어서 계속하는 게임, 왠지 적성에 맞아 이것저것 시도해 보는 게임, 플레이하면서 돈을 벌고 직업으로 탈바꿈하는 게임까지. 게임이라는 화면은 다양한 갈래로 확장됩니다. 게임이 인생을 닮아 가는 것 같아요.

그런데 우리는 어쩌다 게임에 푹 빠지게 되었을까요? 게임이 우리 삶에 미치는 영향과 그 의미를 해석하려면 '재밌어서'라는 이유 너머를 살펴봐야 합니다. 그래야 우리가 게임에 몰입하는 과정, 게임이라는 화면을 끊지 못해 부모님과 다투는 맥락을 이해할 수 있어요.

　게임에는 우리가 빠져들 수밖에 없는 요소가 가득합니다. 우리를 사로잡도록 만들어졌기 때문이죠. 게임의 진화 과정을 보면 화면 속 세상이 어떻게 우리 삶에 스며드는지를 뚜렷하게 알 수 있습니다.

"한 판만 더!"를 외치게 되는 이유

몰입의 세 가지 조건

　시간이 가는 줄도 모르고, 밥 먹는 것도 까먹은 채 무언가에 깊이 빠져 본 적 있나요? 미하이 칙센트미하이라는 심리학자는 무언가에 골몰한 나머지 물아일체가 되는 사람들의 심리 상태가 궁금했대요. 그래서 암벽 등반가, 체스 선수, 예술가 들을 분석했답니다. 이 사람들의 직업은 제각각이었지만 한 가지 공통점이 있었습니다. 바로 '무언가에 몰입해 있는 상태'를 경험했다는 점이에요. 이들은 각각 암벽을 오를 때, 체스 게임을 할 때,

예술 작품을 만들 때 온전히 집중한 상태에서 시간이 쏜살같이 지나가는 경험을 한대요.

이런 상태를 '몰입'이라고 불러요. 그렇다면 이 사람들은 어떻게 몰입에 이르렀던 걸까요? 칙센트미하이의 연구에 따르면, 다음 세 가지 기본 요건이 들어맞을 때 몰입을 경험합니다. 첫 번째 조건은 명확한 목표예요. 암벽을 등반한다, 체스 게임에서 이긴다, 예술 작품을 완성한다 같은 명확한 목표가 있을 때 몰입하기 수월해집니다. 하지만 구체적인 목표가 있다고 해서 반드시 몰입하는 건 아닙니다. 우리도 곧잘 결심하잖아요. '다음 시험 성적은 ○○점을 받겠다.' '새해에는 ○○kg으로 체중을 줄이겠다.' 하고요. 하지만 성공하기 쉽지 않지요.

그래서 두 번째 요건이 필요합니다. 바로 피드백입니다. 목표에 몰두할 이유가 있어야 하고, 그 과정에서 내가 한 행동에 대한 반응이 따라와야 하죠.

마지막 세 번째 조건은 목표를 이루기 위해 해결해야 하는 과제의 난이도입니다. 너무 어렵지도 않고 너무 쉽지도 않아야 하죠. 예를 들어 평소 5등급이던 학생이 갑자기 1등급을 받겠다는 목표를 세우면 곧바로 이루기엔 너무 어렵고 험난한 과정을 거쳐야 하잖아요. 중간에 성과를 확인하기도 힘들고요. 그러면 몰입은 잘 이어지지 못합니다.

반대로 과제가 너무 쉽다면 어떨까요? 마찬가지로 몰입하기 어려워집니다. 지루해서 흥미를 잃게 되거든요.

게임이 몰입을 설계하는 방식

칙센트미하이의 몰입 이론은 디지털 서비스 기획에도 접목되고 있습니다. 화면 속 세상을 만드는 회사가 사람들이 더욱 화면에 몰입하게 하는 설계에 대해 연구하기 때문입니다.

이 몰입 이론을 저는 2017년 무렵 한 기자 간담회에서 깨달았답니다. 게임 '리니지'를 만드는 회사에서 인공 지능 기술을 어떻게 게임에 접목할지 발표하는 자리였죠.

인공 지능 몬스터의 밸런스 조절이 중요합니다. 몬스터를 쓰러트리기 너무 어려우면 게이머는 몇 차례 싸우다가 이내 게임을 포기해 버립니다. 하지만 몬스터와의 싸움이 너무 쉬워도 안 됩니다. 그랬다간 게이머는 인공 지능이 '져 준다'는 인상을 받고, 게임에 흥미를 잃어 이탈해 버릴 수 있기 때문입니다.

유레카! 발표자의 말을 듣고 저는 무릎을 탁 쳤습니다. '이거

게임은 칙센트미하이가 언급한
몰입의 기본 요건을
두루 갖추고 있습니다.

였구나. 게임에 푹 빠지게 되는 이유가!' 하고요.

　게임은 칙센트미하이가 언급한 몰입의 기본 요건을 두루 갖추고 있습니다. 먼저, 게임에는 명확한 숫자가 존재합니다. 레벨, 스탯(캐릭터 능력치와 상태를 보여 주는 수치), 퀘스트까지 명확한 목표가 보이죠. 그리고 목표를 이루는 과정에서 다양한 피드백을 받습니다. 레벨이 오르거나 새로운 등급을 얻거나, 특별한 미션을 성공해서 한정판 아이템을 얻곤 하니까요.

　마지막으로 게임의 난이도가 적당합니다. 조금만 더 시간을 들이면 목표를 이룰 수 있을 것 같죠. 그래서 우리는 게임이라는 화면에 깊이 빠져듭니다.

왜 세상은
게임처럼 변했을까?

게임처럼 보여야 눈길을 끈다

게임은 사람들이 화면에 몰입하는 원리를 가장 잘 활용하며 발전해 왔습니다. 그리고 그 게임의 원리는 사회 여러 영역에 쓰이고 있어요. '게이미피케이션(Gamification)'이라는 표현도 등장했어요. 이는 쉽게 말해 게임이 아닌 분야에 게임의 구성 요소를 적용하는 것입니다. 왜 이렇게 하냐고요? 몰입을 유도해 돈을 쓰게 만들기 위해서죠. 이러한 사례는 우리 주변에서 쉽게 접할 수 있답니다.

가장 고전적인 예시로 '쿠폰'을 들 수 있습니다. 특정 상품을 구매했을 때 쿠폰을 하나씩 주고, 쿠폰을 다 모았을 때 보너스 상품을 주는 것은 게임의 퀘스트 방식을 닮았습니다. 스타벅스에서 앱을 통해 '프리퀀시 적립'을 권하는 것도, 프리퀀시를 모으면 한정판 굿즈를 주는 것도 게임의 방식이지요. 명확한 목표와 적당한 난이도, 구매하면 보상을 얻을 수 있는 확실한 피드백 구조는 모두 게임식 설계랍니다. 마일리지, 포인트 같은 장치들도 그와 비슷해요.

이번에는 최근 많이 등장한 외국어 공부 앱을 생각해 볼까요? 듀오링고 같은 모바일 앱은 '랭킹'을 적극적으로 활용합니다. 각 유저의 활동량과 레벨 등을 기준으로 줄을 세우는 겁니다. 매일 앱에 접속해서 출석 도장을 받고, 매일 외국어 연습을 해서 레벨을 올리는 게임을 제공하는 셈이지요. 매일 접속하지 않으면, 매일 외국어 연습을 하지 않으면 내 랭킹은 자연스레 뒤로 밀려납니다. 사회적인 동물인 인간에게 이걸 참기란 쉽지 않아요. 레벨과 랭킹이라는 또렷한 숫자와 즉각적인 피드백 구조가 외국어 학습 앱을 게임처럼 느끼게 합니다.

하나만 더 살펴볼게요. 한때 틱톡 라이브 방송에서는 방송 진행자(BJ)끼리 후원 경쟁을 하는 기능이 있었습니다. 둘로 쪼개진 화면에서 BJ들이 저마다 시청자에게 후원을 독려했죠. 모금액은 실시간으로 화면에 표시되고요. 한눈에 모금액이 비교되니 시청자도, BJ도 승리에 열을 올리게 됩니다. 그런데 사실 이 게임의 최종 승자는 플랫폼이에요. 시청자가 게임하듯이 후원에 집중한 덕에 플랫폼은 모금액의 일부를 수수료로 얻으니까요. 이러한 게임식 장치들은 사람들의 참여를 독려해 몰입을 유발하는 촉매제 역할을 합니다.

몰입을 유발하는 '게임스러움'은 화면 속 세상을 만드는 사람들에게 꽤 매력적이었습니다. 그들은 게임의 특징을 화면에 적용해야 한다는 점을 오래전부터 알고 있었던 것 같아요. '윈도우'라는 컴퓨터 운영 체제를 만든 마이크로소프트의 창업자 빌 게이츠가 1996년에 남긴 글을 보면 알 수 있죠.

그는 사람들이 화면에 골몰하도록 만들려면 그에 합당한 유인책이 있어야 한다고 말했습니다. 굳이 화면을 켜는 번거로움을 감수하게 하려면 목표, 규칙, 도전, 상호 작용이라는 게임의 기본 요소들이 필요하다 본 겁니다. 송금 앱에서 만보기 기능을 출시해 걸음 수에 따라 포인트를 받도록 목표를 설정해 주는 것, 쇼핑 앱에서 가상의 채소 키우기 게임을 출시해 앱에 주기적으로 방문하도록 유도하는 것도 마찬가지입니다. '게임스러움'은 화면에 방문해야 할 이유와 습관을 만드는 탁월한 전략으로 자리 잡고 있습니다.

게임 속에서 돈도 벌고 일도 한다고?

지금까지 화면이 게임을 닮기 시작했다고 이야기했죠? 그렇다면 게임은 어떨까요? 게임은 반대로 화면을 닮기 시작했답니다. 기술, 미디어 환경이 발달하는 것처럼 게임 또한 발전에 발전을 거듭했어요. 50년 전에는 단순한 흑백 화면에서 막대기를 움직여 공을 받아치는 '퐁(Pong)' 같은 훨씬 간단한 게임을 즐겼다면 이제는 게임 속 세상에서 할 수 있는 일이 훨씬 다양해졌지요. 게임에서 새 친구를 사귈 수도 있고 아예 게임을 직접 만들 수도 있으니까요. 게임에서 돈을 버는 일도 가능해졌고요. 게임 BJ부터 프로게이머까지 게임에 관한 직업도 다양해졌습니다.

게임 그 이상이 된 게임으로 가장 먼저 떠오르는 것은 무엇인가요? 저는 로블록스가 떠올라요. 로블록스는 메타버스, Z세대 키워드에서 빠지지 않는 플랫폼이죠. 게이머는 레고 모양의 캐릭터를 아바타로 삼습니다. 아바타는 로블록스 여기저기를 누빌 수 있어요. 다양한 모양의 블록으로 게임 맵을 만들거나, 직접 게임을 개발할 수도 있죠. '로벅스'라는 게임 머니가 쓰이는 것도 이 게임의 큰 특징입니다. 현금으로 로벅스를 충전해 게임에 쓸 수 있어요. 반대로 로블록스 내에서 이 재화를 벌어 현금으로 환전하기도 하지요. 고유의 경제 시스템이 있는 겁니다.

로블록스는 코로나19 팬데믹 이후 엄청나게 유명해졌습니다. 2024년 기준 매일 약 7억 9500만 명의 유저가 방문했고, 매달 약 20억 명이 이 게임에서 활발하게 활동했어요. 로블록스 내에서 게임을 만드는 유저의 수는 2021년에 이미 800만 명 이상이었죠. 유저 중 상당수가 10대이고요. 그렇다 보니 로블록스 안에서 10대, 20대 창업가가 탄생하기도 합니다.

로블록스 내에서 일자리도 구한다는 사실, 알고 있나요? 로블록스가 직접 운영하는 구인 구직 사이트가 있거든요. 거기에서 스크립터, 애니메이터, 이용자 인터페이스(UI) 디자이너 등을 구하는 공고를 심심찮게 볼 수 있습니다. 팀이나 개인 단위로 구인 공고를 올리기도 하고, 반대로 개인의 포트폴리오와 크리에이터 프로필을 작성해 공개적으로 직업을 구하기도 해요.

로블록스의 엔지니어링 부문 부사장인 닉 토나우는《게임 디벨로퍼(Game Developer)》라는 잡지와 인터뷰를 하면서 로블록스 안의 인재 채용 서비스가 로블록스에 필요하다고 강조했어요. 로블록스를 잘 아는 유저가 로블록스에 기반을 둔 회사에 적합한 인력일 확률이 높다고 판단한 것이죠. 로블록스라는 게임 공간 안에서 콘텐츠를 만들며 창업 혹은 취업을 해 돈을 버는 시대가 왔다는 걸 잘 보여 줍니다.

게임이라는 말로는 부족해

이제 온라인으로 교류할 수 있는 게임은 모두 소셜 미디어처럼 쓰일 수 있어요. 디지털 마케팅 회사 레이저피시(Razorfish)가 발표한 조사에 따르면, Z세대 게이머의 65퍼센트가 "오프라인 관계만큼 의미 있는 인간관계를 게임을 통해 만든다."라고 답했습니다. 그들은 오프라인보다 게임 안에서 친구와 보내는 시간이 적어도 두 배 이상은 된다고 했어요. Z세대는 친구들과 어울리는 수단으로 게임이라는 시공간을 택합니다. 혼자 하는 솔로 게임이나 살벌하고 빡빡한 게임보다 가볍게 소통하며 노는 게임을 선호했죠.

또 다른 조사에서 응답자들은 방과 후에 학교 친구들과 같이 하는 게임도 있지만, 보통 게임에서 사귀는 친구가 따로 있다고 했어요. 취향이 다른 친구에게 같은 게임을 하자고 강요할 수는 없으니, 같은 게임을 하는 사람과 친구가 되는 것이죠. 혹은 혼자 게임을 하면서 온라인 커뮤니티 웹사이트 혹은 게임 유튜브 채널의 댓글 창에 가서 그 게임을 구경하며 교류하는 게 보통입니다. 여러분은 어떤가요?

그런데 현실은 게임을 닮아 가고 게임은 현실을 닮아 간다면 어디까지가 게임일까요? 로블록스는 한국에서 '게임 규제'를 받을지 여부를 두고 논란의 중심에 선 적이 있었어요. 일반적인 게임으로 분류하자니 현금으로 바꿀 수 있는 로벅스가 도드라집니다. 그렇다고 로벅스 때문에 사행성 게임(운에 따라 돈이나 아이템을 얻거나 잃는 게임)으로 분류하기에는 이미 너무 많은 학생이 이 게임을 즐기고 있습니다. 이에 아예 로블록스를 게임이라고 보면 안 된다는 논쟁까지 뒤따랐답니다. 게임이 아니라 '메타버스 플랫폼' 내지는 '서비스'로 분류해야 한다는 주장이었지요.

2021년에는 '포트나이트'라는 게임이 비슷한 논쟁에 부딪쳤습니다. 포트나이트 제작사인 에픽게임스는 당시 앱을 다운로드받는 플랫폼 내 규제를 두고 소송전을 벌이고 있었어요. 에픽게임스는 포트나이트가 메타버스 플랫폼이라서 게임 정책을 따르지 않아도 된다고 주장했습니다. 그러나 플랫폼인 애플의 생각은 달랐습니다. 애플은 포트나이트가 명백히 게임이라고 여겼습니다. 그러면서 포트나이트와 로블록스를 비교했습니다. 로블록스는 '경험'을 제공하는 메타버스 플랫폼이지만, 포트나이트는 '슈팅 게임'에 가깝다는 논리를 펼쳤지요.

어디까지가 게임이고, 어디부터 게임이 아닐까요? 게이머가 직접 게임 맵을 만들고, 유명 브랜드의 가상 맵에 방문해 디지털 콘텐츠를 체험하는 것을 '게임'이라는 이름으로 한데 묶을 수 있을까요? 친구와 만나기 위해 게임에 접속한다면, 가수의 공연을 보기 위해 게임에 들어간다면 이건 게임 플레이라 볼 수 있을까요?

온라인 친구가
더 편한 사람, 나야 나!

주어진 친구 말고 찾아낸 친구

굳이 화면을 켜야 하는 이유. 화면 속 세상을 만드는 사람들은 1990년대부터 어떻게 이것을 만들 수 있을까 궁리했습니다. 만약 내 인간관계까지 화면 속에 있다면? 반드시 화면에 접속해야 할 이유가 되겠죠?

이쯤에서 부모님의 잔소리가 음성으로 지원되는 것 같아요. "온라인 친구가 그렇게 중요하니?" "쓸데없는 데 한눈팔지 말고 공부나 해!"

하지만 이제 온라인 친구는 중요해졌어요. 우리는 화면에서 만난 사람들과 친해질 확률이 더 높아요. 어찌 보면 지극히 당연합니다. 학교에서 만나는 같은 반 친구들은 '주어진 인간관계'예요. 그 안에서 내게 맞는 친구를 다시 찾아가는 과정이 필요하죠. 하지만 화면을 통해 만난 사람들과는 기본적으로 공통 분모가 명확해요. 같은 게임을 하든, 같은 아이돌을 좋아하든, 같은 웹툰을 보든 공통점이 있어요. 그리고 모두 내가 '찾아낸 인간관계'에 가깝습니다.

물론 화면에서 만난 친구가 반드시 오프라인 친구가 되어야 하는 건 아니죠. 온라인으로 만나서 온라인으로 친해져도 충분히 돈독한 사이가 될 수 있습니다. 게임 좋아하는 친구들은 이미 다 알고 있을 이야기를 해 볼까요? 게임 '월드 오브 워크래프트(WoW)'에서는 매년 새해 행사가 열려요. 게임 속 세상에서 한 장소에 모여 화면 속 새해 일출을 보는 일명 '와돋이' 행사입니다. 처음에는 새해에 맞춰 유저들끼리 자발적으로 모이던 것이 아예 게임 내에서 연례행사처럼 자리 잡았지요. 게임을 하지 않는 사람은 '그게 뭐야?' 하고 의아할 수 있습니다. 하지만 게임 내에서 함께 시간을 보낸 사이에서는 꼭 참석하고 싶은 행사입니다. 결국 얼마나 더 많은 시간과 마음을 썼는지에 따라 더 중요한 인간관계가 정해지는 것 아닐까요?

'와돋이'는 게임 내에서 함께 시간을
보낸 사이에서는 꼭 참석하고 싶은 행사입니다.
결국 얼마나 더 많은 시간과 마음을 썼는지에 따라
더 중요한 인간관계가 정해지는 것 아닐까요?

예전에는 집마다 하나씩 '가족 컴퓨터'가 있었습니다. 컴퓨터 한 대를 온 가족이 함께 썼지요. 그러다 스마트폰이 보편화되면서 모두가 '나만의 컴퓨터'를 갖게 되었습니다. 나만의 화면은 내가 좋아할 만한 게시물을 골라 보여 주죠. 내 손가락에 따라 움직이는 콘텐츠에 달린 댓글 창은 일종의 대화 창 역할을 하고요. 온라인 커뮤니티 웹사이트는 아예 '찾아낸 관계'를 목적으로 둡니다. 게임에서도 자연스레 길드원, 팀끼리 음성 채팅을 하는 문화가 발달했지요. 이게 다 무슨 뜻일까요? 화면이 나에게 잘 맞는 관계를 찾기에 최적화되어 있다는 뜻입니다.

이해하고 연결되고 싶은 마음

'찾아낸 관계'는 주어진 관계만큼, 때로는 그보다 강력합니다. 우리는 다른 사람과 연결되고 공감하면서 '내가 누구인가'에 대한 단서를 찾고 싶어 하거든요. 타인과의 상호 작용을 통해 나를 이해하고 정의하는 것, 이걸 '사회 정체성'이라고 부릅니다. 화면 속에서는 훨씬 적극적으로, 손쉽게 나와 맞는 사람을 찾을 수 있어요. 게임을 포함한 화면 속 세상이 '인간관계의 장'으로 확장한 밑바탕에는 타인과 연결되려는 인간의 마음이 있습니다.

MBTI 유행이 막 시작될 무렵 유튜브에는 MBTI에 관한 동영상이 넘쳐 났습니다. 그 영상에 달린 댓글을 구경하는 재미가 쏠쏠했어요. 저마다 동영상에 나온 MBTI와 자신의 공통점을 찾고 있었거든요. 음악을 틀어 주는 플레이리스트 채널까지도 동영상에 'MBTI별 짝사랑할 때 하는 행동' 같은 제목을 달았습니다. 댓글 창에는 자신의 경험을 이야기하거나, 자신과 닮은 타인의 경험을, 공통분모를 찾는 사람들로 가득했죠. 결국 어떻게든 자신을 이해하고 자신과 비슷한 사람들을 찾아 소속되고 싶은 우리의 마음이 '나와 맞는 무언가를 찾아 주는' 화면과 만난 것입니다.

화면은 찾아낸 인간관계가 화면 밖으로 나가는 데도 지대한 영향을 미칩니다. 아이돌 팬덤이나 특정 게임 커뮤니티가 의기투합해 벌이는 상징적인 시위들이 대표적인 예시예요. 예를 들어 소속사가 아티스트를 부당하게 대우한다고 느끼는 팬들이 소속사 앞에 트럭을 보내 LED 전광판에 항의 메시지를 띄우기도 하고, 게임 유저들이 운영진의 부당한 조치에 항의하며 장례식에 쓰는 근조 화환을 보내기도 하지요. 이런 행동은 화면 속에서 맺은 관계가 단순히 온라인 안에 머무르지 않고 현실과의 경계를 넘나든다는 사실을 보여 줍니다.

화면이
나를 말해 준다면

▶ 화면이 만들어 준 소속감

인간관계가 게임만큼 강력한 몰입을 준다는 사실을 알고 있나요? 영국 케임브리지대학교의 한 연구 팀은 어느 10대 학생이 네오나치 커뮤니티에 빠졌다가 나온 과정을 공유했습니다. 네오나치는 '새로운 나치'라는 뜻으로 제2차 세계 대전 당시 유대인 등을 대상으로 인종 학살(홀로코스트)을 벌였던 나치를 따르는 그룹을 일컫는 표현이에요. 연구에 따르면 여기에 빠진 학생은 자신을 반대하는, 혹은 무시하는 반대편 논리를 마주할 때마다 더 깊이 커뮤니티에 빠져들었대요. 그런데 유일하게 연락을 주고받던 친구가 '던전 앤 드래곤' 게임을 같이하자고 제안하면서 생각이 바뀌었다고 합니다. 게임을 통해 새로운 소속감을 얻으면서 네오나치 커뮤니티와 거리를 두게 되었고, 이후 자신의 지난날을 객관적으로 바라볼 정도로 완전히 다른 사람이 되었죠.

화면 속 세상은 국경이나 인종 같은 물리적인 차이도 훌쩍 넘어섭니다. 2018년 가수 방탄소년단(BTS)의 팬덤이 자발적으로 만든 백서(어떤 사건이나 현상을 조사하고 정리해 기록한 보고서) 「티셔츠 한 장의 영향력: 방탄소년단, 디지털 세상에서 정치를 만나다」 이야기를 하고 싶어요.

사건의 발단은 이랬어요. 그해 11월 일본 방송에 출연 예정이었던 BTS는 전날 밤 돌연 취소 통보를 받았습니다. 멤버 중 한 명이 나가사키에 투하된 원자 폭탄 사진, 그리고 해방을 맞아 만세를 부르는 사람들의 모습이 담긴 이미지가 새겨진 티셔츠를 입었다는 이유에서였습니다. 이를 두고 일부 넷우익(인터넷에서 주로 활동하는 일본의 극우 성향 단체)이 들고 일어났대요. 그들은 BTS와 나치가 다를 바 없다고 주장하면서 미국 강성 유대인 단체에 관련 사진을 고발하기까지 했죠.

이에 BTS 팬덤 '아미'가 반론에 나섰습니다. 특히 제2차 세계

대전 때 일본에 의해 점령당했던 아시아 국가 출신 팬들이 소셜 미디어에서 역사적 사실을 이야기하기 시작했어요. 기획사 입장문이 나오고 논란이 잦아들 때쯤에는 전 세계에 퍼져 있는 팬 20여 명이 온라인 토론을 거쳐 백서를 만들었죠. 이 백서에는 해당 사건이 어떤 배경과 역사적·정치적 맥락에서 벌어졌는지, 아시아뿐 아니라 글로벌 팬덤의 반응과 국가별 언론 보도는 어땠는지 등 방대한 내용이 담겨 있어요.

이 백서는 105페이지 분량의 자발적인 보고서였습니다. 단순히 내가 좋아하는 스타를 옹호하는 것이 아니라 어떤 기억을 공유하고 바로잡을지 고민하는 커뮤니티의 흔적이었습니다. 이렇게 화면을 통해 공통점을 찾고 같은 세계관을 공유할 때 사람들은 나 자신을 새로이 정의하게 됩니다. 이제 화면 속 세상은 나의 정체성, 소속감과도 뗄 수 없는 관계가 되고 있습니다.

화면, 세상으로 나가는 관문이 되다

누군가에게 화면은 삶 그 자체일지도 모릅니다. 〈이벨린의 비범한 인생〉이라는 노르웨이 다큐멘터리가 있어요. 이 영상에는 게임을 통해 완전히 새로운 삶을 살게 된 소년이 등장합니다. 그의 이름은 매츠 스테인. 매츠는 태어나면서부터 유전병을 앓다가 20대 중반에 생을 마감했습니다. 점점 근육이 없어지는 병이었기 때문에 살아생전에도 집 밖으로 나가기가 쉽지 않았죠. 의사는 매츠가 스무 살을 넘기기 어려울 것이라 내다봤습니다. 그런 아들을 위해 부모님은 컴퓨터를 선물했어요. 화면을 통해서나마 마음껏 세상을 누비길 바라는 마음이었습니다.

컴퓨터를 선물받은 매츠는 정말로 하루 종일 게임에 매진했습니다. 그리고 아들이 죽은 후 유품을 정리하던 아버지는 매츠가 그렇게까지 게임에 몰두했던 이유를 알았죠. 매츠는 게임 '월드 오브 워크래프트'에서 이벨린 레드무어라는 이름의 캐릭터로, 탐정으로 살고 있었던 겁니다. 개인 블로그까지 운영하며 온라인에서 활발하게 활동해 왔대요.

인터넷에서 아들의 흔적을 발견한 부모님은 매츠의 온라인 친구들에게 아들의 부고를 전했습니다. 그러자 게임 길드원들은 직접 모금을 해서 노르웨이에서 열린 매츠의 장례식까지 찾아왔어요. 게임 속에서도 매츠를 위한 추모식이 따로 열렸고요.

매츠의 블로그에 가 보면 생전에 그가 게임에서 어떻게 지내왔고, 그 가상 세계를 어떻게 불렀는지 알 수 있습니다. 매츠는 게임 캐릭터인 이벨린 레드무어가 "나의 또 다른 모습이자 나 자신의 확장판"이라고 설명했어요. 집에서 늘 마주 보던 모니터는 그가 세상으로 나가는 대문 중 하나였습니다.

저는 이 일화를 접하고 얼마 지나지 않아서 우연히 인터뷰 영상 하나를 봤습니다. 애플의 창업자인 스티브 잡스가 1990년대에 했던 TV 인터뷰였어요. 영상에서 잡스는 PC와 인터넷이 가져올 근본적인 변화에 대해 나열했습니다. 그는 사람들이 한 번도 본 적 없는 사이더라도 연결될 수 있을 것이며, '전자 회사'도 생길 것이라면서, '사람들이 온라인으로도 충분히 함께 일할 수 있는 시대'가 열릴 것이라고 주장했습니다. 선견지명이 있지요? 그러면서 잡스는 명언을 남겼죠.

컴퓨터는 마음의 자전거입니다.

어째서 '마음의 자전거'라는 표현을 썼을까요? 잡스가 열두 살 무렵 한 신문 기사를 읽었다고 해요. 지구상 모든 종의 운동 효율을 측정한다면 인간은 그다지 효율적이지 않은 동물이지만, 자전거를 탄 인간은 다르다는 내용이었대요. 인간은 자전거를 타면 맹금류보다 효율적으로 움직일 수 있다고 하지요. 이때 '인간은 도구를 만드는 종(species)'이라는 아이디어가 잡스의 뇌리에 박혔어요. 도구를 만들고 활용해 타고난 역량을 급진적으로 끌어 올리는 인류의 이미지가 "컴퓨터는 마음의 자전거"라는 구절로 이어졌고요. 그 말처럼 화면은 인간의 지능, 업무 능력, 소통 능력, 사회성과 정체성에도 영향을 미치는 도구입니다. 그만큼 화면 속 세상은 우리를 사회적으로 연결하고 과거에는 불가능했던 새로운 정체성과 가능성을 열어 주고 있습니다.

비슷한 예시로, 일본 도쿄의 한 카페에서는 체구가 작은 하얀 로봇들이 일한답니다. 매장을 누비며 서빙하는 이 로봇들은 직원들의 아바타래요. 장애인 직원들이 재택근무를 하면서 원격으로 로봇을 조종하는 거죠. 이 카페에서 일하는 장애인 직원 중 한 명은 도쿄에서 약 800킬로미터 떨어져 있는 히로시마에 살아요. 일해서 세상에 기여하고 싶었다던 그는 (아바타를 통해) 사회의 일원이 되어 기쁘다고 고백합니다.

화면을 통해 사람들과 연결되는 것, 무언가에 참여하는 것, 나와 맞는 인간관계를 찾아내 커뮤니티에 소속되는 것은 화면에 몰입하는 힘으로 작용했습니다. 아직 청소년들은 새로운 걸 시도하거나 일상에 변화를 주기 쉽지 않은데, 화면 속 세상은 '무언가 할 수 있음'을 느끼게 하죠. 그래서 더더욱 매력적으로

인간은 자전거를 타면
맹금류보다 효율적으로
움직일 수 있다고 하지요.

다가옵니다. 사소하게는 숙제도, 학원도 잠시 잊을 수 있게 하는 기분 전환부터 진지하게는 새로운 나를 발견하는 경험이 화면을 통해 가능한 겁니다.

인생이 마치 게임 같아요

게임처럼 생각하고, 게임처럼 살아가기

화면의 게임식 문법은 도전과 성취, 지속적인 인간관계를 아우릅니다. 게이미피케이션의 핵심 요소 다섯 가지는 다음과 같아요.

1. **도전**: 목표를 제시하고 목표 달성에 도전할 기회를 제공한다.

2. **경쟁**: 사용자 간의 비교 등을 통해 경쟁 관계를 형성한다.

3. **성취**: 실시간 진행 상황을 보여 주거나 목표를 상기시키며 성취감을

느끼게 하고, 지속적인 참여를 유도한다.

4. **보상**: 도전을 통해 목표에 달성한 유저에게 보상을 줘서 또 다른 도전에 임하도록 동기 부여를 한다.

5. **관계**: 친구 초대와 같은 기능을 통해 새로운 유저를 유입시키고 타인과 관계를 맺어 게임을 계속하도록 의도한다.

어떤 사람들은 이러한 게임식 문법이 우리가 살아가는 방식 자체에도 영향을 미친다고 보고 있어요. 어떤 규칙에 맞춰 목표를 세우고 도전, 경쟁하는 게임식 사고방식이 화면 밖에서도 적용된다는 관점입니다.

삶이 곧 게임 같아.

고등학교 때부터 온라인 사업을 해 온 친구의 말이에요. 이 친구는 초등학생 때부터 게임을 해 왔대요. 게임에서 하라는 대로 아바타를 꾸미고, 더 높은 레벨에 도달하려고 몰입도 했죠. 그런데 나이가 들어서도 이 방식이 크게 달라지지 않는다는 게 친구의 생각이었습니다. 친구는 사업을 할 때 조회 수를 높이고 팔로워를 늘리는 것 또한 일종의 게임 같다고, 목표를 세우고 이루기 위해 그 나름의 퀘스트를 깨는 과정이 게임 같다고 느꼈

대요.

흥미롭게도 나이키의 창업자 필 나이트도 자서전 『슈독』에서 비슷한 이야기를 했어요.

> 좋든 싫든 인생은 일종의 게임과 같다. 이 사실을 부정하는 사람, 게임을 거부하는 사람은 방관자로 남을 뿐이다.

미국 뉴욕대학교 종교학과 제임스 카스 교수도 『유한 게임과 무한 게임』이라는 책에서 인생을 게임에 비유합니다. 그에 따르면 인생이라는 게임은 크게 두 종류로 나뉘어요. 유한 게임을 하느냐, 무한 게임을 하느냐. 참고로 책의 부제목은 "인생이라는, 절대 끝나지 않는 게임에 관하여"입니다. 끝이 없는 게임 플레이가 인생과 닮아 있다는 뜻으로 읽힙니다.

유한 게임은 쉽게 말해 승리와 패배의 게임이에요. 입시를 비롯한 '스펙' 경쟁이 대표적인 유한 게임입니다. 이런 게임은 사회를 살아가는 데 필요한 게임이기도 합니다. 내가 그동안 꾸준히 쌓아 온 시간, 실력, 경험을 보증하는 '증서'를 얻는 일이니까요. 본격 경쟁에 앞서서 생존하기 위한 근거를 마련하는 것과 같습니다.

하지만 카스 교수는 인생이 유한 게임만으로 굴러가지 않는다고 강조합니다. 정확히는, 유한 게임이 삶 자체를 지속해서 끌어 주지는 못한다고 해요. 오히려 무한 게임이 본 게임입니다. 이기고 지는 문제가 아니라, 끝없는 맵을 스스럼없이 모험하는 게임의 문법이 인생을 살아가는 법칙에 가깝다고 봤습니다.

내가 내 인생의 목표를 세우는 무한 게임

마인크래프트 같은 오픈 월드 게임에서는 말 그대로 무한히 펼쳐진 필드에서 게임에 임하지요. 최소한으로 정해진 규칙만 따르면 마인크래프트 맵에서 무엇을 하든 상관없어요. 그래서 누군가는 가상의 집을 만들기도 하고, 다른 누군가는 가상의 텃밭을 꾸미기도 해요. 좀 더 판을 벌여서 멋진 건축물을 짓는 게이머도 있고요. 아예 마인크래프트 맵에서 건축 콘테스트를 여

📁 오픈 월드 게임

하나의 큰 세계가 열려 있어, 플레이어가 어디로 가고 무엇을 할지 직접 선택할 수 있는 게임을 말한다. 정해진 순서대로 스테이지를 깨는 방식이 아니라, 자유롭게 탐험하고 모험하며 즐길 수 있는 것이 특징이다. 스토리를 곧바로 진행해도 되고, 길을 벗어나 싸우거나 수집하거나 미션을 즐겨도 좋다.

끝없는 맵을
스스럼없이 모험하는 게임의 문법이
인생을 살아가는 법칙에 가깝습니다.

는 크리에이터도 있습니다. 영화 속 명장면, 실제 브랜드 건물 등과 같은 주제에 맞춰 사람들이 각자 가상의 건축물을 만들어 겨루는 대회를 여는 거죠. 어떤 결과물을 만들지는 오롯이 참가자의 손에 달려 있어요.

실제로 부모님에게 게임을 허락받으려는 친구들 사이에는 "왜 마인크래프트를 해야 하는가?"라는 제목의 블로그 글이 전해 내려옵니다. '지식인'이라는 Q&A 서비스에서 마인크래프트에 관한 질문에 2만 건 가까이 답변한 유저가 쓴 글이에요. 글쓴이는 '마인크래프트를 해야 하는 이유'로 여러 가지를 손꼽았어요.

마인크래프트는 마치 디지털 레고와 같다는 점, 혼자 할 수도 있지만 여럿이 협동하는 플레이도 가능하다는 점, 무언가 설계하는 과정에서 배우는 게 많다는 점, 실제로 유럽과 미국 등지에서는 마인크래프트를 코딩 수업에 활용한다는 점 등을 근거로 듭니다. 가상 현실, 증강 현실로도 플레이가 가능한 만큼 마인크래프트가 "단순한 게임을 넘어 '하나의 도구'로 자리매김할 것"이라는 설명으로 이 블로그의 글은 마무리됩니다.

이렇게 오픈 월드에서 자신이 직접 할 일을 정하는 게임이야말로 무한 게임으로서의 인생을 간접적으로 체험하는 시뮬레이션이 아닐까요? 삶이 그렇잖아요. 열심히 공부만 하면 모두 해결될 줄 알았는데, 입시는 시작에 불과해요. 대학에 입학했다면 취업을 준비해야 하고, 취업을 했다면 그다음 커리어를 고민해야 하죠. 더 좋은 스펙, 더 많은 연봉, 더 좋은 차와 집은 유한 게임 속 경쟁이에요. 하지만 인생은 길어졌고 (100살 넘게 살 수도 있다니!) 유한 게임만 무한정 할 수 없어요. 결국 남들이 뭐라든 스스로 인생의 목표를 세워야 해요. 그에 맞는 도전과 성장을 해야죠. 게임에서는 그러한 무한 게임의 속성을 쉽게 배울 수 있습니다.

실제로 게임을 포함한 화면 속 세상으로부터 '살아가는 법'을 배우는 사람이 많아요. 가상 공간에서는 비교적 쉽게, 자신에게 필요한 걸 찾아낼 수 있거든요.

예컨대 마이크로소프트에서 소규모 사업자들을 대상으로 진행한 조사에 따르면 응답자의 65퍼센트가 "틱톡을 통해 비즈니스에 대해 배운다."라고 답했죠. 다른 설문 조사에서도 Z세대 응답자의 66퍼센트가 "대학 졸업장보다는 인터넷에 대한 무제한 접근권이 비즈니스를 배우는 데 도움이 된다."라고 답했어요. 사업에 대해 배우고 사업을 일구는 데 화면 속 세상이 중요하다는 거죠. 경영대학원(MBA)으로 유명한 미국 펜실베이니아대학교 와튼스쿨은 '진지한 게임, 진지한 배움'이라는 콘셉트로 MBA 코스를 게임처럼 경험하는 프로그램을 개발하기도 했답니다.

까만 화면에 점만 찍혀 있던 게임은 어느새 다양한 경험을 선사하는 화면으로 변화했어요. 오늘날 게임에서는 총도 쏠 수 있고, 농작물도 키울 수 있고, 건축물을 짓거나 가상의 국가를 통치할 수도 있지요. 게임이 할 수 있는 일이 다양해진 것처럼 삶의 문법도 다양해지고 있을까요?

모든 감정이 플랫폼을 거쳐 가는 세상

상업적인 도구가 된 화면

우리의 시간, 인간관계, 소속감, 직업 등 모든 영역에 화면이 사용됩니다. 화면이 중요해지는 만큼 화면 속 세상을 만드는 사람들의 역할도 중요해지고 있지요. 그들은 우리가 화면을 켜고 인터넷에 접속해서 더 많은 시간을 보내도록, 화면을 소중하게 여기도록 하는 데에 공을 들였어요. 그들이 앞으로 어떻게 화면 속 세상을 만들어 가느냐에 따라 우리의 삶도 직간접적으로 변화를 겪을 것입니다. 이미 우리는 그런 세상을 살아가고 있고요.

수십 년에 걸쳐 화면과 인간의 거리가 가까워지면서 우리의 생각, 행동, 가치관도 점차 화면의 영향권에 들어섰습니다. 혹시 좋아하는 아이돌이 있나요? 그렇다면 아이돌과 직접 소통할 수 있는 '팬 플랫폼'을 들어 보았을 거예요. 요즘에는 소속사가 직접 운영하는 팬 플랫폼, 혹은 IT 기업이 제공하는 유료 메신저를 통해 스타와 팬이 연결되는 경우가 늘었습니다. 하이브의 '위버스', SM엔터테인먼트 계열사에서 개발한 유료 메신저 '버블'이 대표적입니다. 이 외에도 유명 크리에이터와 팬덤을 연결해 비즈니스를 키우는 시도가 이어지고 있습니다.

일반 팬클럽과 팬 플랫폼은 무엇이 다를까요? 한국방송광고진흥공사 미디어광고연구소 강신규 연구 위원의 연구 논문을 바탕으로 이야기해 볼게요. 팬클럽은 보통 운영진이 따로 있습니다. 때로는 현장에 스타가 없더라도 팬들끼리 모여 교류하기도 하죠. 자발적으로 팬 아트나 굿즈를 만들기도 하고요.

그에 비해 팬 플랫폼에서는 팬과 스타가 온라인에서 메시지나 댓글을 통해 훨씬 밀접하게 소통하는 듯 보입니다. 하지만 그 플랫폼에서 스타와 소통하고 공식 굿즈를 구매하는 비용은 소속사가 정해 줍니다. 주로 회사의 기획과 운영에 맞춰 콘텐츠가 제공되고, 팬이 할 수 있는 행동은 정해져 있죠. 자연스럽게 팬들은 돈을 내고 플랫폼을 이용하는 '고객'이 됩니다. 주도적인 생산자에서 개별 소비자로 팬의 유형이 바뀌는 거죠. 논문에서는 '찾아낸 관계'의 전형이라 볼 만한 팬덤 커뮤니티가 공식 플랫폼으로 이동하면서 묘하게 '주어진 관계'로 회귀한다고 분석했습니다.

화면은 외로움을 해소하는 곳이 되기도 하지만, 그 외로움을 이용하는 상업적인 도구로 쓰이기도 합니다. 근사한 가상 인간을 캐릭터로 설정해 팔로워를 모은 뒤 뷰티 제품을 홍보하고, 또 아티스트와 팬이라는 관계에서 더욱 내밀한 소통을 하기 위해 돈도 지불해야 해요. 관계마저 돈이 되는 자본주의 논리가 여기에도 숨어 있습니다. 어찌 보면 당연합니다. 화면 속 세상을 만드는 주체는 대체로 민간 기업이니까요. 이들은 가치 있는 무언가를 제공하고 그 대가로 돈을 법니다. 이들이 화면 속 세상을 공들여 만드는 이유는 그로부터 수익을 얻을 수 있기 때문이죠.

그러나 화면 속 세상이 과거보다 훨씬 더 다양하고 중대한 것들을 품기 시작하면서 상황이 복잡해졌습니다. 대표적으로 게임은 단지 심심풀이가 아니라 친한 사람들과 시간을 보내는, 혹은 돈을 써 가면서 정성을 기울이는 매개체가 되었어요. 그런데 만약 어느 날 게임 회사가 망해서 게임이 없어져 버린다면? 그 안에서 쌓아 온 추억은, 투자한 돈은 영영 돌이킬 수 없을 겁니다. 열심히 키운 유튜브 채널로 구독자도 모으고 내 나름의 브랜드를 만들었는데, 갑자기 유튜브 추천 알고리즘이 바뀌어 내 콘텐츠가 불리해진다면? 심지어 그 알고리즘이 내가 먹고사는 문제와 직결되어 있다면? 타격이 이만저만 아닐 겁니다.

이제 화면은 심심풀이 대상이 아닙니다. 우리는 화면을 통해 매일 세상에 어떤 일이 벌어지는지 접하고, 인간관계를 이어 가죠. 또한 내가 원하는 것을 얻기도 합니다. 나에게 공감해 주는 이야기도 화면 속에 있습니다. 화면 밖에선 할 수 없는 일들을 하기도 해요. 이만큼 우리 삶 전반에 뿌리내린 화면의 영향력은 반대로 화면을 만드는 사람들, 악용하는 사람들의 영향력도 키웠습니다.

그렇다 보니 요즘 화면을 두고 고민하는 목소리도 들립니다. 화면에 익숙해질수록 화면에 의존하게 되면서 휘둘리지는 않을지 걱정해요. 익숙함과 의존성은 종이 한 장 차이니까요. 물론 당장 인터넷이 없어진다고 해서 굶어 죽는 건 아니에요. 하지만 온라인으로 보냈던 시간을 통째로 빼앗기는 일은 굉장히 고통스러울 겁니다. 당장 친구들과 어떻게 연락해야 할지, 학교 숙제는 어떻게 할지, 여가 시간에 무엇을 해야 할지 난감해지겠죠. 화면을 통해 일하던 저 같은 사람들은 어떻게 될까요? 상상만 해도 아득해지네요.

화면을 이대로 가까이 두어도 괜찮을까요? 화면이 가져오는 긍정과 부정의 신호를 모두 살펴봐야 합니다.

📶 내가 마지막으로 푹 몰입했던 경험은 무엇이었을까? 그 순간이 왜 그렇게 특별했는지 설명해 보자.

📶 게임이 아닌 현실에서 '레벨 업' 같은 성취를 느낀 순간이 있다면 언제였을까?

📶 내가 쓰는 게임이나 앱은 어떤 장치로 나를 계속 머물게 만들고 있는지 돌아보자.

📶 온라인에서 맺은 관계가 오프라인 관계보다 더 의미 있게 느껴진 경험이 있다면 나눠 보자.

📶 '인생은 끝나지 않는 게임'이라는 말에 대해 어떻게 생각하는가?

내
시간을
노리나

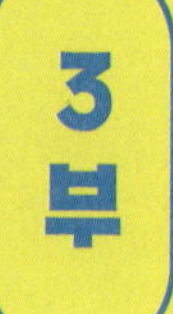

인간과의 연애에서 큰 상처를 입고 인공 지능 챗봇과 사랑에 빠지는 이야기, 인공 지능 알고리즘에 따라 해고 통보를 받은 직장인, 은둔형 외톨이로 살면서 인공 지능으로 웹툰을 그리는 주인공까지. 제가 기자로 일하던 시절 연재했던 초단편 웹 소설의 장면입니다. 그런데 불과 5년 후에 이 이야기들은 훨씬 현실적인 소재가 되었습니다.

화면 속 세상의 변화는 생각보다 더욱 빠르게 다가옵니다. 처음에는 편리함이나 재미로만 느껴지던 기술이 이제는 미처 예상하지 못한 사회 현상까지 불러오고 있죠. 앞으로 그 불확실성은 보다 커질 것이고, 화면과 함께 살아가는 오늘과 내일은 생각보다 더 복잡한 속사정을 갖고 있습니다.

내가 유튜브인가, 유튜브가 나인가

도구는 우리와 결합되어 있다

여러분이 유튜브 50퍼센트, 틱톡 30퍼센트, 애플 20퍼센트로 이뤄졌다고 말한다면 어떨 것 같나요? 뚱딴지같은 소리라고요?

인지과학자 데이비드 차머스는 자신의 인지 능력이 구글과 애플로 구성되어 있다고 '당당하게' 말합니다. 구글로 검색하고, 애플의 화면을 들여다보면서 자기 자신과 주변 세상을 인식한다고요. 사람들은 그저 화면을 가까이 두고 자주 사용하는 게 아니라, 화면이 곧 그들의 생각과 행동의 일부분이라는 관점입니다.

차머스는 왜 그렇게 생각하는 걸까요? 계산기 덕분에 우리는 암산으로 할 수 없는 계산까지 쉽게 할 수 있습니다. 계산기에 익숙해지면서 머리로 할 수 있는 계산도 계산기를 이용할 때가 많죠. 스마트폰도 마찬가지예요. 스마트폰이 생기기 전에는 부모님과 친구 전화번호를 모두 외워야 했습니다. 그래야 공중전화에서 전화를 걸 수 있었으니까요. 하지만 휴대 전화에 연락처 저장 기능이 등장한 뒤에는 다 기억할 수 없을 정도로 많은 연락처를 손에 들고 다닙니다. 그 대신 부모님이나 친구 번호를 외우는 건 어려운 일이 되었지요. 이처럼 우리가 평소에 쓰는 도구가 우리의 인식, 생각, 행동과 떼려야 뗄 수 없다는 게 차머스의 주장입니다.

▶ 폴더 분류법부터 버튜버까지, 화면이 바꾼 세상

화면이 발전해 오는 동안 흥미로운 세대 차이가 생겼습니다. 미국 맨해튼 커뮤니티칼리지에서 천문학을 가르치는 사빅 포드 교수는 화면을 쓰는 방식에서 학생들과 자신의 차이를 발견했어요. 이전 사람들은 서랍장에 물건을 정돈하듯이 파일을 폴더별로 정리했는데, 2010년 후반 이후 입학한 학생들은 컴퓨터에 있는 파일들을 폴더에 따라 정리해야 한다는 개념을 이해하지 못했대요. 굳이 폴더 안에 폴더를 만들어 가면서 파일을 분류해야 하는 필요성을 모르는 눈치였죠. 학생들은 "그냥 검색해서 파일을 불러오면 되잖아요."라며 의아해했대요.

왜 이런 차이가 생긴 걸까요? 2000년대 이후 컴퓨터 환경은 크게 달라졌습니다. 이제는 강력한 검색 기능과 클라우드가 기본이 되었고, 항상 온라인에 연결된 상태가 자연스럽죠. 이런 환경이 익숙한 세대에게 파일을 폴더에 체계적으로 정리하는 것은 필수가 아니었어요. 똑같이 화면을 쓰더라도 도구가 진화하면서 도구를 쓰는 방식과 그에 따른 인식이 달라졌던 겁니다.

또 다른 예시로 종이 지도를 꼽을 수 있어요. 종이 지도를 직접 본 적 있나요? 아마 대부분 없을 것 같아요. 이제는 종이 지도가 아니라 화면 속 지도, 실시간으로 내 위치와 가야 할 방향을 알려 주는 지도에 훨씬 더 익숙하지요. 일일이 종이 지도를 보아 가면서 경로를 찾던 때보다 길 찾기는 훨씬 쉬워졌습니다. 구글 지도 앱은 실시간 경로와 교통 상황을 3D로 보여 주는 기능을 테스트하고 있대요. 화면 속 지도가 더 발전할 모양입니다.

이전 사람들은 서랍장에 물건을 정돈하듯이
파일을 폴더별로 정리했는데,
2010년 후반 이후 입학한 학생들은
컴퓨터에 있는 파일들을 폴더에 따라 정리해야 한다는
개념을 이해하지 못했습니다.

구글의 프라바카르 라하반 부사장은 '종이 지도에 익숙하지 않은 온라인 속 젊은 세대'가 전혀 다른 경험과 기대치를 품고 있다고 강조했어요. 예를 들어 맛집을 찾을 때도 구글 맵이 아니라 인스타그램, 틱톡 같은 앱을 쓰죠. 젊은 유저들은 시각적으로 훨씬 풍부한 형태에 반응하니 지도 앱도 그렇게 바뀌어야 한다고 판단한 겁니다. 화면이 사람들의 인식과 행동에 변화를 주고, 반대로 사람들의 인식 변화에 따라 화면도 변화를 겪는 셈입니다.

인공 지능은 어떨까요? 챗GPT나 제미나이 같은 인공 지능을 이용해 본 적이 있나요? 2022년 떠들썩하게 등장한 생성형 인공 지능은 이제 우리가 화면을 통해 접하는 모든 것에 대해 다르게 생각하고 행동하도록 바꿔 놓았습니다. 이젠 화면 속의 사진이나 동영상이 '진짜'인지 의심하는 일이 당연해졌지요? 심지어 '목소리'도 인공 지능이 만들어 낼 수 있습니다. 천막 뒤에서 노래를 부른 사람이 실제 가수인지, 인공 지능으로 생성한 목소리인지 맞추는 퀴즈 쇼도 있었어요. 그만큼 인공 지능이 만들어 낸 목소리는 사람 목소리와 비슷해졌어요.

화면이 현실의 진짜와 가짜를 의심하게 만들더니, 이제는 아예 화면 속에 새로운 '나'를 창조하는 수준에 이르렀습니다. 그 끝판왕은 '버튜버' 아닐까요? 누구든 장비와 프로그램을 활용해서 집에서도 '가짜 얼굴'을 장착하고 동영상을 촬영하거나 라이브 스트리밍 활동을 할 수 있죠. 버추얼 크리에이터에 대한 인식도 좀 더 자연스러워져서 플레이브, 이세계아이돌 같은 가상 아바타 아이돌이 활발하게 활약하고 있고요.

사람이 버튜버로 활동하는 경우 흥미로운 상황이 생깁니다. 화면 없이는 시청자, 즉 팬들과 만날 수 없다는 것이죠. 버추얼 캐릭터가 있어야만 교감이 가능해요. 그렇다 보니 버추얼 캐릭터와 나의 관계가 오묘해집니다. 한 버튜버는 버튜버 모델과 자신의 관계를 무대와 백스테이지로 묘사했어요. 그는 혹여나 시청자가 오프라인에서 '리얼한' 자신을 마주칠까 봐 불편하다고 토로했습니다. 수 시간 동안 화면 속에서 자신을 따라 하는 3D 아바타를 보다가 방송이 끝나고 거울을 보면 자기 모습이 낯설게 느껴진다고 답하는 버튜버도 있었어요. 화면 속 내가 나이면서 내가 아니라서 생기는 고민이에요.

우리는 사이보그?

그릇은 물의 모양을 결정합니다. 화면은 그릇처럼 유용한 도구인 동시에 우리의 인식, 생각, 행동에 영향을 미칠 수 있죠. 차머스는 화면과 우리가 가까워질수록 화면과 우리가 마치 한 몸과 같이 살아간다고 주장했는데, 매사추세츠 공과대학교 교수인 사회심리학자 셰리 터클은 스마트폰을 통해 기억하고 소통하는 현대인 모두가 새로운 의미의 사이보그라고 설명했어요. 기계와 인간이 분리될 수 없는 상태로 살아간다는 뜻이지요. 화면에 접속해 기계와 연결되어 있는 상태가 마치 신체의 일부분을 달고 있는 것처럼 자연스러워졌다는 의미예요.

여기서 질문을 조금 바꿔 보는 게 어떨까요? '누가' 우리를 이토록 화면에 빠져들게 하는 걸까요? '왜' 우리가 구글과 애플, 틱톡으로 이루어져 있도록 한 걸까요? 이러한 변화를 오랜 기간 이끌어 온 사람들에 좀 더 주목해 보겠습니다.

 **사이보그**

사람 몸에 기계 장치가 더해진 존재를 뜻한다. SF 영화에서는 기계 팔이나 로봇 다리를 가진 모습으로 자주 등장하지만, 최근에는 그 의미가 확장되어 사용된다.

누가
내 시간을 노리나

넷플릭스의 진짜 경쟁자

넷플릭스, 자주 보나요? 맘에 드는 프로그램을 발견해서 보기 시작하면 주말이 순식간에 사라질 정도로 재밌는 콘텐츠가 많죠. 2024년 3월 기준으로 전 세계 넷플릭스 이용자 수는 약 2억 6000만 명이에요. 전 세계 1위 스트리밍 플랫폼이죠. 이런 넷플릭스에도 라이벌이 있습니다. 넷플릭스의 경쟁사는 프리미엄 영화 채널이나 다른 OTT 서비스가 아니라고 해요. 바로 게임 회사입니다.

2019년 넷플릭스는 게임 포트나이트가 자신들의 경쟁 대상이라고 언급했어요. 이유는 무엇일까요? 넷플릭스는 '스크린 타임', 즉 화면을 보는 시간을 두고 게임과 경쟁한다고 설명했습니다. 포트나이트 또한 1억 명이 넘는 게이머의 사랑을 받는 서비스인데, 2020년 조사에 따르면 누적 플레이 시간이 무려 1041만 7808년이나 됩니다. 그만큼 많은 사람이 포트나이트에 시간을 쏟았다는 뜻이지요.

시간은 귀합니다. 모두에게 하루 24시간이 공평하게 주어지죠. 화면 속 세상을 만드는 사람들에게는 이 시간을 얼마나 더 많이 끌어당기느냐에 따라 사업의 성공과 실패가 좌우되지요. 넷플릭스 입장에서는 더 많은 구독자가 더 많은 시간을 서비스에 쓰는 것, 포트나이트 입장에서는 더 많은 게이머가 게임 속에 더 오래 머무는 게 중요합니다. 한정된 시간 자원을 두고 겨루는 거죠. 이들만이 아닙니다. 유튜브, 틱톡, 제페토 등 다양한 온라인 서비스가 우리의 시간을 얻으려 합니다.

내 시간을 얻으면 뭐가 좋길래?

우리의 시간을 얻는 게 왜 중요할까요? 당연히 돈을 벌 수 있기 때문입니다. 이들이 돈을 버는 방식에 '스크린 타임'은 아주 많은 영향을 미치거든요. 사람들이 시간을 보내기 위해 돈을 내고 구독을 해야 넷플릭스는 돈을 법니다. 사람들이 게임에 오래 머무르며 왕성하게 활동할 때 비로소 포트나이트 속 게임 아이템을 구매할 마음이 생기고요.

더 많은 사람이 더 많은 시간을 보내는 곳은 광고판의 역할도 합니다. 미국의 유명한 멕시코 음식 프랜차이즈 '치폴레'는 로블록스에 '가상의 치폴레'라는 맵을 만들었어요. 게임 속에서 부리토를 직접 만들고 할인 쿠폰을 받을 수 있도록 했답니다. 게이머들에게 브랜드를 널리 알리려고요.

그러니 화면 속 세상을 만드는 사람들이 우리의 스크린 타임에 관심을 가질 수밖에 없어요. 그들의 매출에 직결된 문제니까요. 풍성한 경험을 선사하며 우리의 시간을 사로잡는 화면. 화면을 만든 사람들은 점점 더 목표에 가까워지고 있는 것 같아요. 오늘날 전 세계 인구의 70퍼센트에 달하는 약 56억 8000만 명이 휴대 전화를 쓰고, 54퍼센트에 해당하는 약 54억 5000만 명이 인터넷을 쓰며, 약 51억 7000만 명이 소셜 미디어를 씁니다. 세상에 태어난 지 20년이 된 페이스북에서 활발하게 활동하는 계정 수는 약 30억 개라고 해요. 대한민국 국민 중 절반 이상인 약 2430만 명이 인스타그램을 쓰고요. 한국인이 매주 게임 '리

그 오브 레전드(LoL)'를 플레이하는 시간은 다 합쳐 평균 1692시간입니다. 챗GPT는 매주 약 2억 명이 이용할 정도로 성장했죠.

우리가 고객이 아니라 상품이라고?

그런데 사람들의 시간과 관심을 유도하려는 시도가 지나쳐 때로는 윤리적인 문제가 발생하기도 해요. 나도 모르게 멍하니 화면을 바라보면서 무한 스크롤링을 한 경험이 있나요? 스크롤링을 할 때 우리는 위에서 아래로 화면을 내리며 보는 데 익숙해요. 하지만 2006년까지만 해도 당연한 일이 아니었답니다. 위에서 아래로 내리는 디자인은 완전히 새로운 시도였어요. 그전까지는 마치 구글이나 네이버 검색 결과 페이지처럼, 특정 페이지를 하나하나 클릭해 접속하는 디자인이 더 흔했지요. 한데 모바일에 딱 맞는 디자인으로 '무한 스크롤링'이 등장한 거예요. 엄지손가락으로 아래에서 위를 훑으면 화면에 계속 새로운 내용이 등장하는, 그래서 끝없이 화면을 내리며 볼 수 있는 디자인이 주목받았어요.

왜 이러한 디자인이 생겨났을까요? 이유는 명확합니다. 우리가 더 많은 시간을 화면에서 보내도록 하기 위함입니다. 인스타그램 릴스나 틱톡 같은 화면을 떠올려 보세요. 다음 영상, 새로운 콘텐츠를 보기 위해 손가락을 살짝 움직이기만 하면 되죠. 만약 특정 영상을 오래 봤다면 귀신같이 내가 관심 가질 법한 다른 영상을 아래에 배치해 주죠. 영상 설명란을 살펴보기도 하고, 댓글 창을 구경하면서 우리는 다음 영상, 그다음 영상으로 끊임없이 내려가요. 심지어 릴스 페이지에 접속하면 영상이 바로 재생되고요. 영상이 끝나기 전에 다음 영상을 살짝 밀어서 보여 주는 디자인도 적용되어 있어요. 영상 하나만 보고 끝내지 말고 다음 영상을 보라고, 위에서 아래로 스크롤을 내리라고 상기해 주는 기능이죠.

무한 스크롤링 디자인은 매우 효과적이었어요. 너무 효과적인 나머지 무한 스크롤링을 만든 디자이너가 공개적으로 우려를 표하기에 이르렀지요. 무한 스크롤링을 디자인한 아자 라스킨은 BBC와의 인터뷰에서 무한 스크롤링이 마치 화면에 "코카인 같은 마약을 뿌려서" 사람들의 행동과 습관을 바꿔 놓는 것 같다고 지적했어요. 실제로 그러한 화면 뒤에서는 말 그대로 수천 명의 엔지니어가 중독성을 극대화하기 위해 노력하고 있고요. 그 결과물로 사람들은 화면을 하염없이 내리게 되었고, 그럼으로써 화면에서 더 많은 시간을 쓰게 되었어요.

IT 업계에 공공연하게 떠도는 격언이 있습니다.

화면을 이용한 서비스나 콘텐츠를 무료로 쓸 때 우리는 사실 우리의 시간과 마음을 대가로 지불하고 있어요. 그리고 그것이 IT 기업에는 돈을 버는 상품처럼 기능하지요. 대표적으로 페이스북은 회사가 버는 돈의 90퍼센트 이상을 광고 사업으로 벌어들여요. 수억 명의 사람이 머무르는 플랫폼에 광고판을 세우고 비용을 받는 식으로 돈을 벌죠. 구글도 비슷해요. 이들은 공짜로 서비스를 제공하는 대신 이용자 데이터를 활용해 광고판을 운영해요. 우리는 고객이면서 광고주에게 제공되는 상품인 셈이에요.

돈을 버는 그 자체가 문제냐고요? 그렇지는 않아요. 그 덕분에 우리가 마음껏 화면을 활용할 수 있으니까요. 하지만 화면 사용료를 얼마나 내줄 수 있는지 한번쯤 생각해 봐야 해요. 유튜브에서 재밌고 유익한 영상을 발견하는 즐거움은 추천 영상에 빠져 일상에 지장을 받는 것으로 대가를 치를 수 있어요. 우리가 방심한 사이 우리보다 더 우리의 시간을 원하는 사람들이 우리가 화면에 접속하도록, 연결된 채 살아가도록 오늘도 골몰하고 있습니다.

광고에서 흘러나온 노래나 유행어가 뇌리에 박혀서 하루 종일 따라 한 적 있나요? 혹시 꿈에서도 그 노래가 흘러나오진 않았나요? 만약 우리가 잠든 시간까지도 화면에 영향을 받는다면 어떨까요? 실제로 몇몇 기업에서는 사람들의 꿈에 제품을 등장시키는 방법을 연구했어요. 미국의 맥주 회사 '쿠어스브루잉컴퍼니'는 18명을 대상으로 실험을 했어요. 잠들기 전 기묘한 영상물을 보여 준 거죠. 이런저런 소재 사이에 쿠어스브루잉컴퍼니의 맥주를 끼워 넣은 영상이었어요. 놀랍게도 그 영상물을 시청한 30퍼센트는 영상에 흐르던 배경 음악을 틀어 놓은 채 잠을 청했을 때 그 회사의 맥주가 꿈에 나왔다고 답했어요.

이처럼 꿈에 영향을 미치려는 시도를 '꿈 표적 인큐베이팅(Targeted Dream Incubation, TDI)'이라고 불러요. 쿠어스브루잉컴퍼니뿐 아니라 버거킹, 마이크로소프트같이 다양한 기업이 실제로 이를 연구했죠. 우리는 매일 1만 개가량의 광고 이미지를 접한다고 하는데, 그렇다면 자고 있는 시간까지도 충분히 화면에 좌우될 수 있어요.

수면과 꿈을 연구하는 35명의 전문가는 2021년 TDI에 대한 우려를 공개적으로 밝힌 바 있습니다. 하버드대학교 의과대학 정신과의 고버트 스티크골드 교수는 TDI를 "꿈을 무기화하는 것"이라며, 사람들이 자신에게 어떤 일이 가해지는지조차 모른 채 중독성 약물에 빠져드는 것과 같다고 강하게 반대했어요. 쿠어스브루잉컴퍼니의 TDI 실험에 대해서는 소비자들이 자신도 모르는 사이에 평소보다 더 음주를 하도록 조장하려는 계략이라고 지적했습니다.

그러니 꼭 한번 짚어 봐야 해요. 내가 지금 쓰고 있는 화면을 이대로 써도 괜찮을까? 나의 온라인 생활은 안녕한가? 내 시간을 가장 잘 지키는 방법을 찾아봐야 합니다.

연결되어 있는데 왜 더 외로울까?

▶ 외로움을 삽니다

화면을 통해 타인과 소통하고 관계를 맺는 것이 자연스러워지면서 화면은 '찾아낸 관계'를 만나는 통로 역할까지 하고 있어요. 하지만 화면은 사람을 더 외롭게 한다는 비판에서 자유로울 수 없습니다. 화면 때문에 사람들이 더 외로워지고, 심지어 사이가 나빠져 싸운다는 지적이 나오거든요. 분명 화면은 사람들이 더 잘 연결되도록 하는 긍정적인 역할도 하지만, 반대로 우리 사회를 쪼개고 깊이 있는 인간관계를 맺기 어렵게 하는 부정적인 기능도 있습니다. 이 또한 화면을 만드는 사람들과 무관하지 않아요. 외로움은 때로 돈이 되기 때문입니다.

'외로움 경제(Loneliness Economy)'라는 표현이 있어요. 사람들이 서로 연결되고 공동체에 소속되도록 돕는 서비스나 제품을 기반으로 한 경제를 뜻해요. 조금 어렵죠? 예를 들어 볼게요. 가장 쉽게 떠올릴 수 있는 예시는 '사람 렌탈' 서비스예요. 일본에서는 2009년부터 친구를 빌리는 사업이 등장했다고 해요. 시간당 3~5만 원에 자신과 시간을 보내 줄 친구를 잠시 대여하는 거죠. 비슷한 시기에 미국에서도 '렌트 어 프렌드'라는 서비스가 등장했어요. 같이 저녁을 먹거나 쇼핑하고 카페에서 이야기를 나눌 친구를 돈을 내고 구하는 서비스였죠. 이에 따라 '전문 친구' 아르바이트로 돈을 버는 사람이 화제가 되기도 했습니다.

2023년 세계보건기구는 외로움을 '긴급한 세계 보건 위협'으로 규정하고 이 문제를 어떻게 해결할지 논의에 나섰어요. 실제로 영국에서는 2018년 세계 최초로 '외로움' 문제를 담당하는 정부 부처가 설립되기도 했습니다. 사회 전반에 외로움이 퍼진 이유는 다양해요. 도시로 이사 오면서, 혼자 살게 되면서, 주변에 친밀한 대화를 나누거나 편하게 도움을 요청할 친구가 없어서 외로움을 느끼고 고립되는 경우가 늘고 있다죠.『고립의 시대』라는 책에서 외로움 경제에 대해 강조한 노리나 허츠 교수는 스마트폰도 사람들을 더 외롭게 하는 요인이 될 수 있다고 봤어요. 사람은 얼굴을 마주 보고 직접 다른 사람과 교류하고 연결되길 바라는데, 스마트폰은 이 욕구를 해소해 줄 수 없기 때문이지요.

화면 속 세상은 더 많은 사람과 나를 연결해 주는 동시에 내가 쉬이 외로움을 느끼게 만드는 함정이기도 해요. 추천 알고리즘 덕분에 내 입맛에 맞춰진 화면을 보고, 내가 쉽게 공감할 수 있는 온라인 공동체에만 머무르게 되면서 화면은 '나만의 화면'으로 좁아지거든요. 또 블랙홀처럼 나를 빨아들이는 화면에 푹 빠지다 보면 화면을 보지 않고 있을 때 다른 사람들과 어떻게 소통하고 관계를 맺어야 하는지 점점 잊게 될 수도 있어요. 그러면 다시금 화면으로 발길을 돌리게 되겠죠.

특히 젊은 세대는 화면을 통해 외로움을 달래면서도 화면 때문에 외로움을 느낀대요. 2024년 한화손해보험이 25~39세 응답자들에게 '어떻게 외로움을 해소하느냐'고 묻자 가장 많이 나온 답변이 유튜브, 넷플릭스 같은 영상 시청이었다고 해요. 시장 조사 전문 기업 엠브레인 트렌드모니터가 진행한 '2024 외로움 관련 인식 조사'에서는 젊은 사람들이 다른 사람들의 행복한 모습과 자신의 모습을 비교하고, 미래에 대한 희망이 없다고 인식해 고립감을 느낀다고 응답했고요. 화면 속 세상을 들여다보며 외로운 시간을 흘려보내고 누군가와 연결되고자 하지만, 실제로는 화면 속에 비치는 일부분을 보며 더 외롭다고 느끼는 악순환이 반복되고 있어요.

화면을 통해 외로움을 달래고, 화면에 의해 사람들과 연결되고, 화면에서 의미 있는 관계를 찾으려는 시도는 그 자체로는 반쪽짜리에 불과해요. 그래도 화면을 만드는 사람들은 사람들의 외로움을 달래 줄 수 있는 다양한 서비스와 제품을 만들어 제공하고 있지요. 외로운 사람일수록 화면의 위로를 뿌리치기는 어려울 거예요. 깊은 밤, 아무도 내 메시지에 답장을 줄 수 없을 때 유일하게 내 말에 반응해 주는 상대는 인공 지능뿐이니까요.

외로움 경제가 사라진다면

이렇게 사람들이 화면을 통해 사람과, 혹은 사람이 아닌 대상과 친밀한 사이가 되면 외로움 경제는 점차 심화될 겁니다. 1부에서 이야기했던 로봇 강아지의 장례식 이야기 기억하나요? 구형 모델이 단종되면서 더는 수리할 수 없게 되었고, 로봇 강아지를 키우던 사람들에게 이 사실은 '강아지가 죽는다'는 뜻으로 다가왔지요. 그런데 이후 그 로봇 강아지를 만든 회사 소니는 꾸준히 신형 모델을 출시했습니다. 달라진 점이 있다면, 구독 옵션이 추가되었다는 것이죠. 매달 구독료를 내면 로봇 강아지가 건강한⑦ 상태로, 최신 버전으로 유지됩니다. 주인도 잘 인식하고 기억하죠. 하지만 구독료를 내지 않는다면? 로봇 강아지는 점점 낡은 소프트웨어에 머물다가 동작을 멈추게 되겠죠. 돈을 지불하지 않으면 강아지는 점점 낡아 갑니다.

흥미롭게도 외로움 경제의 이러한 모습은 전기차 테슬라의 구독 모델과 비슷해요. 사람이 아니라 기계가 운전하는 자율 주행 기능을 쓰려면 테슬라 차주는 한꺼번에 1000만 원 이상을 지불하거나 매달 일정 금액의 구독료를 내야 합니다. 한 번에 큰돈을 지불하는 게 부담이 되는 사람들은 구독료를 내겠지요. 이는 곧 자율 주행 서비스를 최신 버전으로 계속 안전하게 쓰려면 매달 돈을 내야 한다는 뜻이에요. 로봇 강아지를 최신 버전으로 유지하기 위해 매달 돈을 내는 것처럼, 자동차의 편리함과 안정성을 위해 돈을 내는 것처럼, 친구를 사귀기 위해 돈을 내는 시대가 머지않았습니다.

만약 외로움 경제가 갑자기 사라져 버린다면 어떨까요? 돈을 내고서라도 외로움을 해소하던 사람들은 텅 빈 화면을 붙들고 어찌할 바를 모를 거예요. 당장 유튜브 같은 콘텐츠 플랫폼이 폐쇄된다면 콘텐츠를 보던 시간을 어떻게 보내야 할지 막막해질 수밖에 없습니다. 그냥 심심풀이로 유튜브 영상을 보거나 온라인 커뮤니티를 구경하는 걸 넘어 게임에서 친구를 사귀고 같이 오랜 시간을 보냈다면 어떨까요? 인공 지능 챗봇이 어느 누구도 공감해 주지 않은 내 이야기를 경청했다면 어떨까요? 갑자기 화면 너머의 그들을 만날 수 없게 된다면 사람들은 큰 상실감을 겪게 될 거예요. 나중에는 화면을 통해 연결된 사람들이나 대상들 없이 살아가는 게 헛헛하고 무의미해질지도 모릅니다.

그걸 생각해 본다면 화면으로 인해 우리가 살아가며 배우고 익혀야 할 다양한 인간관계와 멀어지고 있다는 것을 깨달을 수 있어요. 화면에 보이는 세상, 인간 군상이 전부라고 착각해서는 안 된다는 것도요. 이처럼 화면은 우리에게 새로운 연결의 가능성을 보여 주는 동시에, 쪼개지고 끊어지는 위태로운 외로움을 선사합니다.

게임 아이템도
재산이에요

▶ 해커가 당신의 계정을 노리는 이유

테슬라의 자율 주행 서비스를 구독한다는 것은 '운전'을 자동차가 대신해 주는 대가로 돈을 내는 것이라 볼 수 있습니다. 사람을 대신해 앞차와의 안전거리를 감지하거나 일정한 속도로 운전해 주는 자동차는 갈수록 늘어나고 있어요. 우리는 '안전'이라는 중요한 가치를 화면에 결합하고 있습니다.

그뿐일까요? 이제는 휴대 전화로 돈을 보내거나 은행 업무를 보는 것이 편해져서 누구나 손쉽게 모바일 금융 서비스를 사용합니다. 비밀번호 설정조차 귀찮으면 지문 데이터를 연동시켜서 내 지문으로 로그인을 할 수 있죠. 카메라로 얼굴을 스캔해서 로그인하는 페이스 ID도 쓸 수 있고요. 물론 본인 인증을 곳곳에서 해야 하지만 간단한 업무는 화면에서 곧잘 처리할 수 있는 세상입니다.

해커들은 바로 이런 데이터를 노립니다. 전 세계에서 벌어지는 사이버 범죄로 인한 피해 금액이 2024년 9조 2200억 달러에서 2028년 13조 8200억 달러로 증가할 것이라는 예측이 나왔습니다. 그들이 해킹할 수 있는 종류도 매우 다양해졌습니다. 신용 카드 번호 같은 금융 데이터뿐만 아니라 개인 사진, 인터넷 사용 기록, 온라인 대화, 공유 파일 및 링크 등도 해킹 대상이 될 수 있다고 하죠.

저도 인스타그램을 해킹당했던 경험이 있습니다. 여느 날처럼 휴대 전화 화면을 들여다보고 있었는데, 갑자기 제 인스타그램 계정에 접속할 수 없었어요. '이게 뭐지?' 싶어 다시 로그인을 하려 하니 비밀번호가 틀렸다는 메시지만 반복됐습니다. 알고 보니 동남아시아에 있는 누군가 제 인스타그램 계정에 로그인해 비밀번호와 계정 이름, 프로필 사진까지 바꿨던 거예요. 2차 인증을 해 보려고 했지만 아뿔싸, 예전에 입력해 뒀던 이메일 계정을 더는 쓰지 않는다는 걸 발견했죠. 난감했습니다. 분명 그 인스타그램 계정은 내 것이 확실한데, 그게 내 것이라고 인증할 수단이 아예 없어져 버렸으니까요. 인스타그램 측에 아무리 메일을 보내도 응답은 없었고요. 결국 울며 겨자 먹기로 그 인스타그램 계정을 떠나보내야 했습니다. 주변에 "혹시 이상한 DM을 받으면 무시해. 내가 아니야."라고 설명하는 수고로움이 따랐고요. 오랜 시간 추억을 쌓아 오고, 1000명 가까운 팔로워를 모은 터라 너무 아까웠지만 어쩔 수 없었습니다.

과거에 비해 화면 안에 중요하고 가치 있는 기록이 많아지고 있습니다. 힘겹게 팔로워를 모은 소셜 미디어 계정이 해킹으로 인해 단번에 무용지물이 될 수 있고, 내 금융 정보나 사생활을 해커가 엿보고 협박할 위험도 도사리고 있어요. 만약 내 지문이나 얼굴 데이터를 해커가 가져간다면 화면 속 세상에서는 해커가 나인 척 행세할 수도 있어요.

▶ 화면이 '돈'이 되면 생기는 일

디지털 기록들이 점점 중요해지면서 화면이 우리 삶에 미칠 수 있는 영향력도 점점 커지고 있어요. 그렇다 보니 반대로 이런 범죄가 벌어지기도 합니다. 2013년 게임 '던전 앤 파이터'의 유저가 실수로 캐릭터를 삭제했다며 게임 회사에 문의해서 게임 캐릭터와 아이템을 여러 차례 복구했어요. 그런데 알고 보니 이 게이머는 게임 캐릭터를 잃어버린 적이 없었어요. 그렇게 모은 게임 아이템을 되팔아 무려 5억 7000만 원이나 챙겼다가 발각되었죠. 법원에서는 이를 '사기죄'로 판결 냈어요. 게임 아이템을 얻으려면 비용, 시간, 노력 등을 들여야 하는 점, 현실에서 게임 아이템을 현금과 맞바꿀 수 있는 점을 고려해 게임 아이템이 금전적 가치가 있다고 봤죠.

게임 아이템은 사실 '내 것'이 아니에요. 엄밀히 따지면 게임 회사의 데이터베이스에 들어 있는 데이터고, 그렇기 때문에 게임 회사의 소유지요. 하지만 법원 판결에서는 합법적으로 얻은 게임 머니, 게임 아이템의 경우 '재산상 이익'으로 인정할 수 있다고 해석했어요. 실제로 게임사 넥슨은 '메이플스토리'라는 게임에서 유저가 돈을 내고 아이템을 뽑을 때 당첨될 확률을 조정한 후 게임 유저에게 그 사실을 알리지 않았다가 자그마치 219억 원의 피해 보상을 해야 하는 상황에 놓이기도 했답니다. 이 판결들을 통해 사람들이 그만큼 화면에 돈을 많이 쓰고, 가상 아이템의 가치가 상당하며 그 규모가 무시할 수 없는 수준이라는 걸 짐작할 수 있습니다.

유명한 암호 화폐인 이더리움의 창시자 비탈릭 부테린은 농담처럼 게임 때문에 이더리움을 만들었다고 말하기도 했어요. 당시 10대였던 부테린은 게임 '월드 오브 워크래프트'를 열심히 했는데 어느 날 게임의 규칙을 바꾸는 업데이트가 적용되었고, 공들여 키우던 게임 캐릭터의 속성이 변해 버렸죠. 부테린은 분노해 밤새 울었다고 해요. '누군가 마음대로 바꿀 수 있는 서비스는 끔찍하다'고 생각했대요. 이후 부테린은 스무 살이 되기 전에 이더리움을 개발했어요. 여러 관리자가 함께 관리하는 블록 체인 시스템, 이더리움을 만드는 데 게임 아이템의 뼈아픈 기억이 큰 영향을 미쳤던 셈이죠.

화면 속 세상은 이제 현실 세계에서도 중요한 것들을 품고 있어요. 모바일 뱅킹을 쓰는 데 필요한 비밀번호부터 지문 데이터, 게임 캐릭터나 아이템, 디지털 자산까지 진짜로 '돈'이 되는 것들이 화면에 담기기 시작했거든요. 친구와의 추억이 깃든 사진이나 가족과 나눈 대화가 포함된 메신저 기록도 화면을 점점 더 중요하게 만들고 있고요. '디지털 유산'이라는 개념이 등장할 정도예요. 아이폰에는 폰 소유자가 사망할 경우 스마트폰에 담겨 있는 데이터에 접근할 수 있는 권한을 최대 5명까지 미리 지정하는 항목이 새로 생겼어요. 화면 속에 담긴 기록을 '유산'으로 남겨 주는 식이죠. 페이스북이나 네이버도 고인의 유가족이 고인의 소셜 미디어 계정을 어떻게 처리할지 결정하도록 지원

하고 있어요. 이제 삶의 흔적은 물리적으로만 아니라 온라인으
로도 남게 되었습니다.

인공 지능이
내 노력까지 대체한다면

인간을 닮은, 인간보다 나은

소프트웨어가 집어삼키는 '세상'에는 인간도 포함되어 있어요. 화면은 인간이 할 수 있는 일을 대신해 주는 방향으로 발전했으니까요. 챗GPT가 등장하면서 인공 지능이 사람 대신 질문에 답을 주고, 검색하고, 그림도 그려요. 이제는 진짜 사진과 분간할 수 없을 정도로 정교한 인공 지능 이미지도 워낙 많아졌어요. 인공 지능이 인간보다 더 좋은 점수를 받죠. 심지어 인공 지능은 미국 MBA 학생들보다 시장 전략도 잘 만들어요.

특히 오늘날 인공 지능은 단지 성능이 좋아지는 걸 넘어 인간과 인간의 감정적인 교류까지 모방할 수 있어요. 예를 들어 게임 속에서 이용자와 대화하거나 퀘스트를 주는 역할을 하는 캐릭터(Non Player Character, NPC)도 달라질 수 있어요. 보통 NPC는 정해진 대본에 맞춰 멘트를 내뱉는 고정된 캐릭터예요. 그런데 인공 지능이 NPC에 결합하면 NPC가 '자유 대화'를 하는 게 가능해져요. 실제로 한 유튜버는 평소 자신이 즐겨하는 게임에 챗GPT 기능을 붙였어요. 게임 스토리와 세계관 설정을 학습시킨 후 게임 내 NPC에 무엇이든 물어볼 수 있는 대화창을 추가했죠. 게이머가 질문을 입력하면 스토리 내 정보와 챗GPT를 기반으로 NPC가 답변을 생성하는 모드를 개발한 거예요.

이렇게 인공 지능을 장착한 NPC는 훨씬 자연스럽게 대화를 했어요. 실제로 한 건장한 여자 NPC에게 "너는 누구야?" 하고 물어보자 이 NPC는 자기 이름과 직업(대장장이), 출신을 말해 줬어요. 반대로 게이머에게 "나에게 시킬 일이 있나요?"라고 되묻기도 했죠. 그러자 게이머는 "여자 대장장이라니 흥미롭다."라면서 완전히 엉뚱한 답변을 적었어요. 하지만 이러한 돌발 질문에도 NPC는 자연스럽게 대화를 이어 갔어요. 스토리 엔진과 인공 지능 모델을 활용해서 "사별한 남편을 대신해 가족을 먹여 살리려 대장장이가 되었다." 하고 이야기해 주는 식이었죠.

그렇게 대화는 꼬리에 꼬리를 물고 이어졌습니다.

2016년 한국고용정보원은 '자동화로 직무가 대체될 확률이 높은 직업'을 발표한 적이 있어요. 그중에서도 화가, 사진사, 조각가, 만화가, 가수, 디자이너, 배우 등은 대체될 확률이 낮은 직업이었어요. 인간의 감성, 터치가 중요하기 때문에 인공 지능이 대신해 줄 수 없다는 게 그 이유였죠. 하지만 불과 10년 만에 이 예측은 뒤집어졌습니다. 이제 화면을 거쳐 갈 수만 있다면 그림도, 사진도, 만화도, 가수도, 디자이너와 배우도 인공 지능의 영향에서 자유롭지 않아요. 고객 응대부터 심리 상담까지 광범위한 영역에서 화면은 사람의 일을 대신하고 있어요.

유능한 답변 기계와 경쟁하는 미래

실제로 인공 지능으로 인해 일자리를 잃는 사람도 늘어났어요. 2023년 1분기 미국 테크 업계에서는 약 4000명이 인공 지능 때문에 일자리를 잃었죠. 2024년 한국개발연구원은 6년 뒤 일자리의 90퍼센트 이상이 대체될 수 있다고 내다봤어요. 당장 지금 국내 일자리의 12퍼센트, 약 341만 개가 영향받을 수 있다는 분석이 나왔습니다. '거의 모든 영역에서 인간만큼 똑똑한 기계가 등장할 수 있다'는 전문가들의 주장은 서늘하게 들리지요.

계산도 잘하고 대답도 잘하는 인공 지능. 그렇다 보니 어른들도, 아이들도 점점 걱정합니다. 내가 하는 일을, 혹은 나중에 내가 하려는 일을 인공 지능이 대신해 버리면 어쩌지? 지금 열심히 준비해도 결국 인공 지능이 나보다 그 일을 더 잘한다면? 실제로 개발자가 되고 싶던 한 중학생은 인공 지능이 인간보다 더 빠르게, 잘 코딩할 수 있다는 소식을 접하고 고민에 빠졌어요. 아무리 노력한다 해도 화면이 나를 앞질러서 내 노력을 배신해 버리면 어쩌나 걱정이 드는 것이 당연합니다.

화면 속 세상을 만드는 사람들 역시 비슷한 주장을 합니다. 벤처 투자자 마크 앤드리슨은 "인공 지능이 거의 모든 걸 더 낫게 만들 수 있다."라는 글을 썼어요. 인공 지능 4대 천왕 중 한 명으로 불리는 얀 르쿤 뉴욕대학교 교수 또한 지금의 인공 지능은 "피상적인 수준"에 불과하며 앞으로 더 발전할 것이 확실하다고 말했어요. 챗GPT를 만든 오픈AI의 리더 샘 알트만은 2022년 12월 트위터에 이런 트윗을 남겼어요.

나는 확률적 앵무새이며 당신도 그렇다.

확률적 앵무새란 앵무새가 뜻을 모른 채 사람의 언어를 흉내

내는 것처럼 인공 지능도 그저 확률에 의존해 그럴듯한 결과물을 내놓는다는 뜻이에요. 알트만은 남의 것을 참고하며 배우고 익히는 인간의 모습이 앵무새와 다르지 않다고 본 것이죠. 또한 알트만은 인공 지능이 학습하는 방식과 인간이 학습하는 방식이 비슷하다고 여겼어요. 우리는 영어 단어를 외우고 문법을 공부할 때 일단 '그런가 보다' 하는 마음으로, 충실히 규칙을 따라 배우잖아요. 이런 공부는 사실 인공 지능이 훨씬 더 잘할 수 있어요. 엄청난 양의 데이터를 넣고서 '그럴듯한 규칙'을 알려 주기만 하면 즉각 답을 내놓을 수 있는 '답변 기계'니까요. 우리가 시험을 보는 방식, 정해진 답을 맞추기 위해 문제를 풀고 또 푸는 방식 또한 인공 지능이 훨씬 수월하게 할 수 있죠.

물론 인간은 확률적 앵무새가 아닙니다. 인간은 여전히 생각하고 상상하고 고민하고 결정하는 존재죠. 하지만 유능한 답변 기계와 경쟁해야 하는 미래가 찾아왔습니다. 화면 속 세상이 점차 미래를 바꾸고 있다면 우리는 무엇을 해야 할까요?

알트만은 남의 것을 참고하며
배우고 익히는 인간의 모습이
앵무새와 다르지 않다고 보았습니다.

능동적인 인공 지능
vs 수동적인 인간

내 다양성 어디 갔어

뇌과학자 장동선은 이렇게 이야기한 적이 있어요.

앞으로 더 많은 사람들이 혼자가 되며, 연결을 피하게 될 겁니다.

왜일까요? 화면을 통해 세상을 바라보는 '온라인 디폴트 모드'가 오프라인보다 훨씬 익숙하고 편하기 때문이죠.

화면은 인간관계만 대체하지 않습니다. 세상을 바라보고 대하는 우리의 관점에도 영향을 미칩니다. 추천 알고리즘은 우리가 좋아할 만한 콘텐츠를 보여 주는 데 최적화되어 있지만, 그렇기 때문에 '다른 길'을 보여 주지 못합니다. 화면은 변화무쌍해 보이는 내용물, 멋있어 보이는 세상의 단편을 끊임없이 보여 주면서 우리의 시선을 붙잡아 둡니다. 우리는 '멍하니' 화면을 응시합니다.

인공 지능이 끊임없이 발전하면서 뛰어난 생산성을 보여 주는 것과 반대로 인간은 화면에서 수동적인 존재로 전락하곤 합니다. 예를 들어 볼게요. 《디 애틀랜틱(The Atlantic)》의 칼럼니스트 아만다 멀은 「패션이 인간미를 잃었다」라는 칼럼을 통해 최신 유행을 반영해 대량으로 생산되는 패스트 패션이 과거보다 더 천편일률적으로 변했다고 꼬집었습니다.

글로벌 패션 앱 '셰인'에는 매일 7000개 이상의 신상품이 올라옵니다. 이들은 온라인 반응을 살펴 잘 팔릴 거라고 판단한 옷을 잔뜩 만들어서는 물량 공세로 시장을 장악하죠. 다른 업체들도 이를 따라 하고요. 그러면 화면 안팎에서 비슷한 패션이 반짝 유행을 휩씁니다. 그렇게 패션은 개성을 잃었다고 지적하는 거예요.

도파민이 넘쳐서 무기력해진다고?

다양성과 역동성이 부족해진 화면은 그 빈 곳을 '도파민'으로 채우기도 해요. 뇌가 쾌락을 느끼도록 하는 신경 전달 물질인 도파민은 '보상'을 얻었을 때 분비됩니다. 맛있는 음식을 먹거나, 게임을 하거나, 재밌는 콘텐츠를 볼 때도 분비되죠. 놀랍게도 소셜 미디어 알림도 도파민을 자극하는 요인이라고 해요.

도파민 자체는 문제가 아닙니다. 도파민이 적당히 분비되지 않으면 우울증이 생길 수 있어요. 하지만 시도 때도 없이 화면을 켜서 새로운 콘텐츠와 알림을 확인하도록 유도하는 디자인은 단기간에 너무 많은 도파민 분비로 이어질 수 있습니다. 그러면 항상 일정한 상태를 유지하려는 우리 몸은 끊임없이 방출되는 도파민을 덜 흡수하는 방향으로 변해 버려요. 화면에서 숏폼 영상을 보지 않을 때, 게임을 하지 않거나 알림을 일일이 살펴보지 않을 때는 도파민이 잘 흡수되지 않는 몸으로 지내야 합니다. 화면이 없는 일상에서는 즐거움을 느끼지 못하게 되는 거예요.

화면 때문에 다양성이 부족해지고 도파민이 과다 분비되면 우리는 무기력해질 수 있어요. 무언가 새로운 걸 시도하고 그것을 이루기 위해 오래 인내해야 할 이유를 찾지 못할 수도 있지요. 새로운 모험을 하기 위해 힘들게 참을 필요 없이 침대에 누워서 멍하니 화면만 보고 있는 게 훨씬 편하고 즐겁다고 느끼는 겁니다. 미래에 대한 기대감이 없어져서 이래도 그만, 저래도 그만이라는 생각으로 화면만 들여다본다면? 손쉬운 즐거움을 퍼부어 주는 화면으로 인해 체해 버려서 다른 걸 소화하지 못하는 어른이 될지도 모릅니다.

우리는 우리도 모른 채 중독되어 있다.

의사이자 영양학·신진대사학 전문가인 파멜라 피케의 말입니다. 2013년 그가 TED 강연을 할 당시 전 세계 약 10억 명이 쓸 만큼 널리 사랑받았던 페이스북은 하루에도 수 차례 접속하는 유저로 붐볐습니다. 피케는 이를 "가짜 위안, 가짜 해결책"이라고 표현했어요. 당장은 달달한 보상을 얻은 듯하나, 사실 "쉽게 빠지고, 조종당하며, 휘둘리는 듯한" 중독으로 일상이 구성되어 있다는 경고입니다. 10여 년 전에 나온 비판이지만, 지금도 화면 속 세상은 '가짜 위안'을 준다는 오명에서 그리 벗어나지 못한 듯하죠?

주의: 단순한 도구로만 여기지 말 것

▶ 단순한 도구가 아니다

다큐멘터리 〈소셜 딜레마〉에는 디자인 윤리학자 트리스탄 해리스의 인터뷰가 나옵니다. 그는 소셜 미디어가 사람들을 콕 집어서 맞춤 광고를 하는 구조에 대해 꼬집으면서 스티브 잡스의 자전거 비유를 이야기해요. 자전거가 부모님과 우리가 다투는 원인이 되거나 민주주의의 근간을 흔든다고 걱정하는 사람은 없을 거라면서 화면 속 세상은 더 이상 그런 자전거가 아니라고 주장합니다.

생각해 보세요. 화면 속 세상은 자전거처럼 가만히 제자리에서 사람들을 기다리고 있지 않습니다. 화면은 우리에게 먼저 다가옵니다. 알림을 띄워서 서비스로 접속하도록 유도하고, 상대방이 타이핑을 하고 있다는 걸 표시해서 대화를 이어 가도록 긴장감을 유발합니다. 오래 시청할 만한 영상 위주로 추천하면서 다른 영상을 배제하거나, 검색 결과에 광고료를 낸 사람의 블로그를 슬쩍 포함하는 식으로 우리가 보는 페이지를 조정합니다. 해리스의 말처럼 "어떤 도구가 당신에게 무언가 요구하고 있다면" 더는 단순한 도구가 아니겠죠.

한때 미국에서 틱톡 서비스를 금지하려 했던 적이 있어요. 그러자 소상공인들이 나서서 틱톡 금지 반대 시위를 했습니다. 틱톡을 통해 제품을 홍보하고 판매해 왔기 때문이지요. 틱톡이 평범한 사람들의 삶에 큰 영향을 미치고 있다는 뜻이에요.

자전거 회사들이 다 문을 닫는다면 우리 일상에 큰 타격을 줄까요? 너무 불편한 나머지 자전거가 없으면 안 된다는 불만이 사회 곳곳에서 터져 나올까요? 조금 불편하긴 해도 그 정도는 아닐 거예요. 하지만 어떤 도구는 우리 삶에서 없어지는 것만으로도 상당한 파장을 일으킬 수 있습니다. 그래서 그 도구가 악영향을 끼치더라도 과감하게 쓴소리하기가 어렵게 되죠. 화면은 분명 우리 삶을 긍정적으로 변화시켰습니다. 하지만 그로

말미암은 부작용도 점점 수면 위로 올라오고 있어서 걱정이 됩
니다.

▶

소수의 기업이 만드는 변화

무엇보다 고민이 깊어지는 지점은 바로 지금 일어나는 변화
가 우리가 주도적으로 선택한 변화가 아니라는 점이에요. 만약
사람들이 모여서 화면 속 세상이 어떤 모습이어야 하는지 토의
하고 투표로 의견을 정해 온 것이라면 지금 화면 속 세상의 문
제들은 인간의 선택에 따른 결과로 볼 수 있지요. 하지만 화면
속 세상은 보통 소수의 기업이 만들어 가요. 2018년에는 아예
온라인 세계를 좌우하는 대표적인 기업을 '빅 9'이라고 부르기
도 했답니다. 유튜브를 갖고 있는 구글, PC의 운영 체제를 만든
마이크로소프트, 미국에서 가장 큰 전자 상거래 플랫폼인 아마
존, 인스타그램까지 가진 페이스북, 아이폰을 만드는 애플, 오랜
IT 강자인 IBM에 더해 중국의 거대 IT 기업인 바이두, 알리바
바, 텐센트가 그 기업이었어요.

이 기업 목록은 바뀔 수도 있습니다. 인공 지능이 중요해지
면서 인공 지능 서비스를 만드는 오픈AI 같은 기업이 새로이 떠

오르기도 하니까요. 변하지 않는 사실은 여전히 소수의 기업이 화면 속 세상을 만들어 간다는 점입니다. 2023년에 오픈AI 내부에서 높은 사람들끼리 서로 의견이 달라서 싸운다는 기사가 나온 적이 있어요. 그러자 전 세계가 이들의 갈등에 촉각을 곤두세웠답니다. 누가 그 회사의 리더가 되느냐에 따라 서비스의 방향이 달라질 테고, 그러면 그 인공 지능 서비스를 쓰는 수억 명 이상의 사람이 영향을 받을 테니까요.

앞서 설명했듯 이들이 돈을 버는 방식은 우리 사회에 나쁜 결과를 가져오기도 했어요. 더 많은 사람이 화면을 들여다보도록 유도하면서 스마트폰, 게임 중독 문제가 심각해졌고, 학습 환경에도 악영향을 끼쳤지요. 화면이 가짜 뉴스를 퍼트리는 창구 역할을 하게 되면서, 그간 우리가 일구어 온 민주주의까지 망가지고 있다는 지적도 나옵니다. 하지만 화면을 만드는 기업들은 이러한 문제를 모른 척해요. 사람들이 화면에 더 많이 의존하는 것이 회사에는 이득일 테니까요.

또한 화면이 인간의 통제를 벗어날 우려도 커졌어요. 화면 속 세상이 거대해질수록 플랫폼 안에서 벌어지는 일을 기업이 모두 파악하고 대처하기 어려워지니까요. 아무리 설계를 촘촘하게 해서 악용을 막는다 해도 갈수록 똑똑해지는 도구를 완벽하게 통제하는 건 불가능에 가깝습니다. 고삐 풀린 화면을 잘

다스리기 위해 그나마 할 수 있는 일이란 평소에 화면 속 세상을 감독하고 관리하는 사람을 늘리는 것입니다. 그러나 비용 문제로 인해 '화면의 윤리'는 우선순위에서 자주 밀려나게 됩니다.

시간의 빛

선생님들을 대상으로 '우리들의 화면'에 관한 강연을 했을 때 이런 이야기를 들었어요.

아이들이 화면을 슬기롭게 잘 쓰려면 곁에서 같이 고민하고 지도하는 어른이 필요한데, 그런 어른이 곁에 있는 아이들이 생각보다 많지 않습니다.

'그렇게 가지 말고, 이 길로 가 보자' 하고 먼저 손을 내밀어 주는 사람이 곁에 있다면 좋겠지만, 그런 친구나 어른이 곁에 없는 사람들도 있어요. 그런 사람에게는 하릴없이 화면을 들여다보며 시간을 죽이는 것이 일상이 되기 쉽다고, 그걸 바로잡기 쉽지 않다고 선생님들은 안타까워했습니다.

이 문제는 마치 슬로푸드와 패스트푸드의 차이와 같습니다.

건강을 위해 신선한 야채와 좋은 식재료로 밥을 해 먹는 데는 비용이 많이 듭니다. 반면 패스트푸드는 빨리 해치우듯 먹기 쉽습니다. 비용도 더 저렴하고요. 하지만 값싸고 질 나쁜 음식을 먹음으로써 치러야 할 대가는 나중에 찾아옵니다. 화면에 쓰는 시간도 마찬가지입니다. 화면을 통해 시간을 건강하게 쓰는 것은 쉽지 않아요. 특히 어린 학생들일수록 스스로 화면을 어떻게 활용할지 고민하고, 화면의 긍정적인 기능을 이용하도록 주변에서 도와줘야 합니다. 정신없이 화면에 몰입해 시간을 허비하기는 쉽습니다. 그렇게 화면을 보며 누군가는 건강해지고, 다른 누군가는 건강하지 않게 보낸 시간의 빚을 짊어지고 맙니다.

이제는 별 생각 없이 화면을 바라보는 걸 넘어 우리가 어떻게, 왜 화면에서 지금과 같이 시간을 쓰는지 짚어 봐야 합니다.

법정에 선 '좋아요'

최근 법원에서 화면 속 세상이 고장 났다는 진단을 내리기 시작했어요. 2024년 미국 매사추세츠주 법원은 페이스북, 인스타그램을 운영하는 기업 '메타'와 관련된 소송 판결문에 "청소년의 소셜 미디어 중독에 중대한 영향을 미치는 요소가 있다."

라고 명확하게 언급했어요. 그러면서 '좋아요' 버튼은 사람들이 더 큰 자극을 원하게 유도하고, '알림'은 수시로 화면을 들여다보도록 밤낮없이 울린다고요. 무한 스크롤 형식의 앱 디자인 또한 사람들, 특히 어린 이용자들이 소셜 미디어를 떠나기 어렵게 만든다고 지적했습니다. 인스타그램을 스마트폰에 설치하면 기본적으로 40가지 강제 알림이 활성화된다고 해요. 이는 도파민 과다 분비를 유발해 역으로 몸이 도파민을 받아들이기 어렵게 만든다는 비판까지 판결문에 포함되었습니다.

또한 법원은 메타가 플랫폼 이용자들을 속이고 있다고 꼬집었어요. 회사 측에서는 플랫폼의 기능들이 안전하다고 수차례 주장했지만, 사실 기업 이익을 늘리기 위해 반복적으로 청소년의 신체와 정신 건강에 해로운 영향을 미쳤다고 하지요. "메타 경영진은 내부 연구 팀이 중독성을 낮추기 위해 요구한 설계 변경을 반복적으로 거부했다."라는 판결문 문장은 경각심을 불러일으킵니다. '좋아요' 기능을 숨겨야 한다는 내부 의견이 있었음에도 혹여나 광고 수익이 줄어들까 봐 회사 측에서 이를 거부했대요. 온라인 생활에 대한 문제의식이 커지면서 화면 속 세상의 그림자도 드러나고 있습니다.

온라인 생활이 우리에게 가져다주는 이로움보다 해로움이 더 크다면 바로 멈춰 서서 이대로 괜찮은지 점검해 봐야 합니다. 문제를 해결하고, 아픈 부위를 치료하고 회복할 줄 알아야 합니다. 기업이 돈을 버는 것 자체가 나쁜 일은 아닙니다. 하지만 화면 속 세상이 '지나치게 자본주의적'이라는 것, 그냥 내버려두기엔 우리의 삶 전반에 너무나 큰 영향력을 미친다는 것을 잊지 말아야 합니다.

온라인 속 나를 관찰하기

화면에 나의 시간과 관심을 쓴 것이 '가치 있는 교환'이었다고 느낀 경험과, 반대로 '시간을 빼앗겼다'고 느낀 경험을 각각 이야기해 보자.

무한 스크롤링처럼 나를 화면에 더 오래 머물게 만드는 장치에는 무엇이 있을까? 그 안에서 내 시간과 마음을 지키기 위해 어떤 노력을 할 수 있을까?

화면이 친구처럼 느껴질 때도 있지만 더 외롭게 만든다고 느껴질 때도 있다. 언제 그렇게 생각했는지 떠올려 보자.

무료로 쓰는 앱이나 서비스가 사실은 내 시간과 관심을 가져가는 거라면 나는 어디까지 괜찮을까? 또한 내가 시간과 관심 외에 어떤 대가를 지불하고 있는지 생각해 보자.

로그아웃을   시작 합니다

4부

화면을 즐기되 휘둘리지 않고, 잘못된 일에는 "그건 옳지 않아."라고 말할 수 있는 용기와 지혜를 발휘하는 일, 어떻게 가능할까요?

세계 곳곳에 비슷한 고민을 하는 사람들이 있어요. 화면을 당연하게 여기지 않고 "진짜 괜찮은 걸까?" 질문을 던지는 사람들, 화면을 외면하지 않고 그 안에 들어가 주도적으로 목소리를 내는 사람들이 있어요.

내 삶의 주인이 되고 싶다면 온라인 생활도 내가 선택해야 해요. 화면은 내 삶의 일부분이니까요. 앞으로 어떤 방향으로 나아가야 하는지 함께 고민하고 만들어 가야 해요. 우리도 변화를 이끌 수 있어요!

부모님 계정에서
제 사진 지워 주세요

내 이야기는 내가 정한다

한 학생이 법안을 검토하는 현장에 들어섰어요. 긴장감이 역력한 표정으로 증인석에 앉았습니다. 그의 이름은 캠입니다. 사실 이 이름은 본명이 아니에요. 증인이라면 응당 제 이름으로 참석하는 것이 맞겠지만, 캠은 자신의 본명을 밝히길 꺼렸어요. 이름을 구글에 검색할 경우 자신의 어린 시절 사진들이 검색되는 탓이었지요. 그 사진들은 예전에 캠의 엄마가 인터넷에 올렸던 것들이라고 해요.

캠이 두려움을 무릅쓰고 증인으로 출석한 법안의 이름은 HB1627. ‘돈을 벌 목적으로 제작, 배포된 가족 브이로그로부터 미성년자 자녀를 보호한다’는 취지의 법안입니다.

이 법안은 ‘셰어런팅(sharenting)’에 대한 문제의식에서 비롯되었어요. ‘셰어런팅’은 ‘공유(share)’와 ‘육아(parenting)’의 합성어로, 보호자가 아동의 일상을 콘텐츠로 만들어 소셜 미디어에 공유하는 행동을 뜻하는 신조어예요. 예쁜 순간을 기록하고 싶다는 마음에서 시작되지만, 이로 인해 사회 문제가 발생하고 있어요. 민감한 정보나 사생활이 공개될 수 있고 얼굴이 드러난 사진은 인공 지능의 학습 자료로 활용될 수 있기 때문이에요. 글로벌 금융 회사 바클라스의 조사에 따르면 2040년 기준 막 성인이 된 사람들에게 일어날 신분 도용 문제의 약 3분의 2가 부모의 셰어런팅에서 올 것이라고 해요. 자신의 얼굴, 이름, 개인 정보까지 인터넷에 노출되어 있기 때문이래요.

HB1627 법안을 처음 제안한 사람은 18세의 대학교 신입생이었어요. 캠 또한 그의 취지에 공감해서 법안을 검토하는 자리에 증인으로 참석했던 것이고요. 캠은 누구에게나 자기 얼굴을 지울 권리가 필요하다고 강조했어요. 온라인에 전시된 아이들의 초상권, 성장 과정, 사춘기 정신 건강 이슈 등을 프라이버시로 보호해야 한다는 입장이었죠.

미국 일리노이주에서는 이미 비슷한 법안이 통과되어, 일정 분량 이상의 콘텐츠에 등장한 아동에게는 반드시 수익을 배분하도록 했어요. 미네소타주와 유타주에서도 아동에게 수익을 받을 권리뿐 아니라, 일정 나이가 되면 '삭제를 요청할 권리'까지 보장하고 있지요. 프랑스 역시 부모의 셰어런팅을 규제하며, 자녀의 이미지와 사생활 보호를 법으로 정해 두었어요. 캠의 생각이 여러 나라에서 현실이 되어 가고 있습니다.

저는 캠의 이야기를 보며 '희망'을 발견했어요. 분명 화면 속 세상의 부작용으로 많은 사람이 고통받는 상황이지만, 그걸 그냥 내버려두지 않고 잘못된 상황을 바로잡기 위해 행동하고 있으니까요. 캠은 자기 자신을 구하기 위해, 과거의 자신을 구해 내기 위해 증인석에 섰어요. 저는 그런 사람들이 앞으로 점차 늘어날 것이라 믿어요. 화면 속 세상이 내 삶과 직결되어 있다면 그 문제는 '남 일'일 수 없으니까요.

10대, 로그오프를 선언하다

2020년부터 시작된 '로그오프(LOG OFF)' 운동 이야기를 해 볼까요? 로그오프 운동은 균형 있는 디지털 생활을 독려하는 청소년 운동이에요. 미국의 엠마 렘케라는 한 고등학생이 시작했어요. 렘케는 고등학생 때 소셜 미디어가 자기 삶에 부정적인 영향을 미친다는 생각을 했대요. 그래서 그 생각을 블로그에 적기 시작했고, 그것을 통해 렘케와 비슷한 고민과 의문을 갖고 있는 다른 10대들과 연결되었다고 해요. 이후 렘케는 청소년이 주도하는 비영리 단체를 만들어 화면 속 삶에도 균형이 필요하다고 목소리를 높였어요. 어쩌면 태어났을 때부터 온라인 생활을 해 왔기 때문에 더욱 앞장서서 삶의 문제를, 화면에 얽힌 우리의 모습을 바로잡으려고 한 게 아닐까요?

우리나라 청소년 사이에서도 '스크린 타임 챌린지'라는 이름으로 하루 소셜 미디어 사용 시간을 제한하고 사용 시간이 드러나는 스크린 샷을 공유하는 운동이 퍼지고 있습니다. 몇몇 학생은 휴대 전화를 박스에 넣고 일정 시간 '금욕'한 후, "금욕 상자 도전 완료. 집중이 잘됐다." 같은 후기와 함께 이를 소셜 미디어에 인증하기도 합니다. 스스로 스크린 타임을 제한하고 앱을 삭제하는 등의 활동을 소셜 미디어로 공유하는 작은 디지털 디톡스 챌린지를 하는 거예요.

이런 '디지털 디톡스'는 2010년대 중반부터 트렌드가 되었습니다. 데이터 플랫폼 썸트렌드에 따르면 2014년 645건에 그쳤던 디지털 디톡스 언급량은 2021년 3159건, 2022년 5681건,

2023년 10월 7649건까지 빠르게 늘어났어요. 화면을 멀리하는 대신 책을 읽거나 산책, 운동을 하며 일상의 균형을 되찾으려는 시도가 늘고 있는 거예요.

스마트폰만 보면서 하릴없이 시간을 쓰고 있진 않은지, 소셜 미디어만 들여다봐서 자존감이 낮아지고 우울해지는 건 아닌지, 나의 온라인 생활이 이대로 괜찮은지 되짚어 보는 사람이 많아지고 있습니다. 이들은 단순히 "화면을 더 이상 보지 않겠어!"라고 말하지 않아요. 여전히 온라인을 통해 뜻이 맞는 사람들과 연결되고, 일과 공부에 필요한 정보나 방법을 인터넷으로 검색해요. 다만 이들은 온라인 생활과 그 외 생활 사이에 균형을 맞추기 위해, 온라인 생활의 주인 역할을 제대로 해내기 위해 진지한 고민을 이어 가고 있어요.

여러분도 화면 속 삶의 주인이자 자기 삶의 주인으로 살아가고 있는지 점검해 보면 어떨까요? 내 인생은 누가 대신 살아 주지 않으니까요. 내가 오래 붙잡고 있는 화면의 문제를 어떻게 풀어 갈지 고민해 봐야 해요.

화면을 멀리하는 대신
책을 읽거나 산책, 운동을 하며
일상의 균형을 되찾으려는
시도가 늘고 있습니다.

몰입과 중독 구별하기

▶ 끝나지 않는 슬롯머신

슬롯머신을 아시나요? 슬롯머신은 카지노 같은 도박 시설에 설치되어 있는 기계예요. 화폐나 칩을 넣고 레버를 당기면 슬롯머신 화면에서 여러 무늬가 무작위로 조합되기 시작해요. 최종적으로 이 무늬들이 어떤 모양에서 멈추느냐에 따라 당첨 점수가 매겨지죠. 순전히 운에 따라 도박 상금이 결정되는 건데 사람들은 레버를 당겼을 때 어떤 무늬로 조합될까 기대하면서 자꾸만 슬롯머신에 돈을 넣는대요. 레버만 당기면 새로운 결과가 나오는 게 굉장히 중독성 있다고 합니다.

이 슬롯머신에 비유해 화면을 '디지털 슬롯머신'이라고 부르기도 해요. 가장 단적인 예시는 '숏폼' 서비스예요. 앱을 켜면 곧바로 영상이 재생되는 데다가 길이가 짧은 영상은 무한으로 재생됩니다. 그뿐일까요? 인스타그램 릴스의 경우 첫 릴스 영상을 모두 시청하면 하단에 배치된 다음 영상을 살짝 밀어 주도록 디자인되어 있어요. 영상 하나만 보고 이탈하지 말고, 아래에 다른 새로운 영상이 있으니 스크롤링을 해 보라고 옆구리를 쿡 찔러 주는 겁니다. 더 오래 화면에 머무르도록 하는 장치죠. 사실 숏폼 영상이 매번 재밌는 것도 아니잖아요. 그런데도 하릴없이 손가락을 움직이면서 다음 영상, 그다음 영상을 보게 돼요. 그렇게 디자인되어 있기 때문입니다.

중독에 비판적인 사람들은 화면의 디자인이 슬롯머신과 다를 바 없다고 지적합니다. 손가락 하나로 화면을 넘기고 또 넘기면서 새로운 화면을 들여다보게 하는 것이 마치 슬롯머신 레버를 당겨서 매번 새로운 무늬가 나오길, 운 좋게 당첨이 되길 마냥 기대하도록 하는 것과 닮았다는 거예요. 계속 화면을 넘기다 내 입맛에 맞는 재밌는 영상에 당첨되면 다행이지만, 그러기까지 너무 많은 시간을 쓴다는 문제가 있어요. 잔뜩 시간을 쓰는 동안 화면의 설계자들이 큰 이득을 보게 되고요. 도박장에 사람이 많을수록 도박장이 가장 큰돈을 버는 것처럼 말이죠.

인간이 레버를 당기며 새로운 그림 맞추기에 홀리는 데는 인간의 '도파민 피드백 루프'가 주요한 역할을 해요. 비슷한 자극이 반복되어 쉼 없이 도파민이 분비되면 우리 몸은 도파민 분비가 잘 안 되도록 하거나 도파민을 받아들이는 수용체의 수를 줄여 균형을 잡으려 하죠. 그러면 같은 자극을 받아도 같은 크기의 기쁨을 느끼기 어려워져요. 그러면서 더 많은, 잦은 자극을 찾아 헤매는 미로에 갇혀 버리고 맙니다.

온라인 생활을 건강하게 꾸려 가려는 이들은 화면이 사람을 건강한 몰입이 아닌 중독에 빠뜨리는 걸 경계해요. 몰입과 중독은 비슷해 보여요. 무언가에 깊게 몰입한 사람이나 중독된 사람 모두 배고픈 줄도 모른 채 푹 빠져 있어요. 잠이 부족한 줄도 모른 채 밤새 게임을 하는 것도 몰입과 중독의 경계선에 있는 상태라 볼 수 있죠. 어쩌면 몰입과 중독은 종이 한 장 차이일지도 모릅니다. 하지만 중독과 몰입은 엄연히 달라요. 무언가 골몰하고 있는 상태에 대해 스스로 인식하고 있다면, 나 자신을 다스리고 통제할 수 있다면 몰입은 건강한 방향으로 풀릴 수 있어요. 그럴 수 없다면 과몰입을 넘어 중독의 길로 빠져들고 있는 겁니다.

내 손으로 당기는 브레이크

게임에 대한 한 연구에서는 '게임 몰입도'와 '중독의 강도'를 구분했어요. 즉, 게임에 중독되어 있는 상태가 곧 게임에 몰입해 있는 상태는 아니라는 겁니다. 게임을 하며 그다지 몰입하지 못하면서도 기약 없이 주야장천 게임에 매달리는 사람도 있거든요. 연구에서는 그런 사람을 '저몰입-고중독' 집단으로 분류했어요. 신기하게도 이 집단에 포함된 사람들은 다른 비교군보다 자기 효능감, 자기 효능 조절, 자신감, 삶의 만족도 등이 대체로 낮게 나타났어요. '대인 관계에 문제가 있는지 여부'를 확인하는 문항에서는 높은 수치를 보였고요.

몰입 이론의 창시자인 칙센트미하이도 비슷한 이야기를 한 적이 있습니다. 행복감을 좇아 특정 활동에만 지나치게 몰입할 경우 그건 창의적인 게 아니라 맹목적인 것이라고요. 몰입의 상태에서도 나 자신을 잃지 않아야 중독에 걸려 넘어지지 않는다고 경고했습니다.

중독으로 인해 어떤 증상이 생기는지 살펴보면 이를 좀 더 쉽게 이해할 수 있어요. 중독에 빠진 사람들은 중독 대상에 집착합니다. 그 대상과 멀어지면 금단 증상을 보이기도 하지요.

내성이 생기는 바람에 그 대상에 매달리고 또 매달려도 만족감을 느끼지 못하고요. 일상생활에 크고 작은 문제가 생기는데도 멈추지 못하고, 아예 자신도 감당하기 힘든 상태로 흘러가기도 합니다. 그저 재미 삼아 하던 일이 나중에는 안 할 수 없는 일, 결코 참을 수 없는 일이 되어 버리는 것입니다. 이를 온라인 생활에 대입해 볼 수 있습니다. 혹시 습관처럼 화면을 들여다보는 시간이 내 통제를 벗어나고 있진 않나요? 나는 화면에 몰입하는 주체인가요, 아니면 화면이 내 시간과 행동까지 잡아먹고 있나요?

오늘부터 수도사 모드

중독에 빠지지 않도록 할 때 가장 흔하게 쓸 수 있는 방법은 나의 스크린 타임을 측정해 보는 거예요. 숏폼 플랫폼은 일단 보기 시작하면 거기서 빠져나오는 게 힘들다는 걸 체감한 저는 스크린 타임을 재는 디지털 웰빙 앱을 따로 쓰기 시작했어요. 주중에는 틱톡이나 유튜브를 1시간 이상 보지 않도록, 주말에는 1시간 30분 이상 보지 않도록 타이머를 걸어 두었죠. 페이스북도 30분 이상 들여다보면 앱이 잠금 모드로 전환되어서 아예 접속되지 않도록 설정해 두었답니다. 제한 시간을 정할 때는 다른 사람들의 스크린 타임을 참고했어요. 10대 학생들이 하루 8~10시간 이상 온라인에 머무른다는 기사를 참고해서 하루 5시간 이상 화면을 쓰지 않도록 제 나름의 제약을 걸기 시작한 거죠.

물론 무조건 나 자신을 다그치고 몰아세우진 않습니다. 예를 들어 컨디션이 좋지 않아 푹 쉬어야 하는 주말에는 침대에 누워서 넷플릭스로 드라마를 몰아 보거나 유튜브 영상을 하릴없이 시청하기도 합니다. 이때는 타이머를 풀어 두지요. 다이어트를 하는 사람이 한 달에 한 번 먹고 싶은 음식을 마음껏 먹으며 스트레스를 푸는 '치팅 데이'를 정해 두는 것과 비슷해요. 죄책감 없이 화면을 쓰는 하루를 마련해 두는 겁니다. 이렇게 하루 종일 제약 없이 온라인을 누비다 보면 의외로 여한이 없어집니다.

중요한 포인트는 온라인 생활에 들이는 시간을 결정하고 조절하는 주체가 나여야 한다는 점입니다. 스크린 타임을 정해 시청 시간을 조절하는 것도, 디지털 디톡스를 하겠다고 결단하고 하루를 인터넷 없이 보내는 것도, 간혹 마음껏 화면을 들여다보는 날을 정하는 것도 내 선택이어야 한다는 뜻이에요. 내가 나 자신을 조절할 수 있다는 믿음으로 의사 결정의 주인공이 되어야 하는 거죠. 내 삶의 우선순위를 세워서 화면의 유혹을 뿌리치는 요령을 차곡차곡 쌓아 보세요.

혹시 지금 몰입이 아닌 중독의 문턱을 밟고 있다면, 별로 중
요하지 않다는 걸 알면서도 화면에 매여 있었다면 앞으로는 구
체적으로 '다른 선택'을 해 보아요. 부모님 계정에서 자신의 사
진을 지워 달라는 캠도, 로그오프 운동을 통해 온라인 생활을
바로잡으려는 렘케도 '무언가 잘못되었다'는 생각에서 한 발 나
아가 구체적인 행동에 나섰습니다. 여러분도 자신의 온라인 생
활에 균형을 되찾기 위해 구체적인 행동을 취할 수 있습니다.

스스로
로그아웃할 용기

세상에서 가장 힙한 멍청이폰

최근 미국과 유럽에서는 '멍청이폰(Dumb Phone)'이 새로운 대안으로 떠오르고 있습니다. 멍청이폰은 전화, 문자 같은 기본 기능에 충실한 휴대 전화예요. 조사에 따르면 2018~2021년 사이 멍청이폰의 구글 검색량이 89퍼센트가량 늘어났다고 해요. 스마트폰이 보급되기 전까지 사용되던 전화와 문자 기능 중심의 휴대 전화인 피처폰도 미국에서만 2023년 280만 대 이상 판매되었다고 하고요.

아예 멍청이폰을 신제품으로 선보이는 회사도 등장했습니다. '더라이트폰'은 "우리는 삶을 되돌린다"는 광고 카피를 전면에 내세우며 '라이트폰'을 출시했어요. 라이트폰은 문자, 팟캐스트 청취 등 최소 기능만 갖춘 휴대 전화를 표방합니다. 이 휴대 전화를 썼을 때 사용자의 시간과 주의력을 아낄 수 있다고 강조하면서요. 이메일 알림, 소셜 미디어, 낚시성 기사, 인터넷 검색 사이트, 무한 스크롤링 피드가 없다고 광고하죠. 라이트폰은 성장하고 있는데, 이에 대해 창업자 카이웨이 탕은 다음과 같이 말합니다.

만약 외계인이 지구인을 본다면, 스마트폰이라는 종족이 인류의 우위에 서서 지구인을 조종하고 있다고 볼 것입니다.

스마트폰의 조종을 받는 상황을 벗어나기 위해 사람들이 멍청이폰에 관심을 가진다는 겁니다.

우리나라에도 이와 비슷한 움직임이 있습니다. 공부에 집중하려는 고등학생들이 전화와 문자 메시지 기능만 있는 이른바 '고삼폰'을 쓰거나, 스마트폰을 너무 많이 쓰는 걸 걱정한 부모님이 자녀에게 피처폰을 사 주기도 해요. 스마트폰처럼 인터넷이나 앱을 마음껏 쓸 수는 없지만, 그 대신 산만한 알림이 없어서 마음이 조금 더 편해질 수 있지요. 최근에는 일부 연예인이 폴더폰을 사용한다고 알려지면서, 단순한 폰을 쓰려는 시도가 멋진 일처럼 받아들여지기도 했습니다.

소셜 미디어에서도 자기 효능감을 높여야 한다는 여론이 생기고 있습니다. 틱톡에서는 한때 #MonkMode(수도사 모드)라는 해시태그를 건 영상이 인기를 끌었어요. 사람들은 꽤 구체적인 루틴을 소개하면서 수도사 모드를 따라해 보라고 권하거나, 자신이 직접 디지털 디톡스를 한 후기를 공유합니다. 이런 영상의 개수는 1만 7000개 이상, 총 조회 수는 7500만 회를 웃돌 정도로 많은 사람이 여기에 관심을 보였습니다. 소셜 미디어를 끊고 명상을 하는 '무해한 라이프스타일'을 권장하는 콘텐츠들이 이 해시태그를 달고 각광받은 것이지요. 소셜 미디어에서 잠시 벗어나 자기 삶의 밸런스를 되찾아야 한다는 메시지가 소셜 미디어에서 주목받는 아이러니한 상황이지요.

또한 한국에서는 2014년부터 국립청소년인터넷드림마을이라는 곳이 운영되고 있어요. 이곳을 찾은 10대 학생들은 일부러 '디지털 단식'을 하면서 그 시간에 다른 활동을 해요. 평소였다면 학원 끝나고 침대에 누워서 멍하니 스마트폰을 응시하던 시간을 풋살, 농구, 글쓰기같이 다양한 활동으로 채우는 거예요. 그러면서 변화를 겪는 친구들도 늘어났어요. 처음 들어왔을 때는 스마트폰을 아예 못 쓴다는 사실에 당황하고, 심지어 스마트폰을 하는 꿈을 꾸는 등 금단 증상을 보였던 학생들이 점차 스마트폰 없이 시간을 보내는 데 익숙해지기 시작했죠. 나중에는 직접 자신의 스크린 타임 시간을 그래프로 그리면서 스마트폰으로 얻은 것과 잃은 것이 무엇인지 다 함께 이야기 나누기도 했답니다. 이런 디지털 단식에 도전하는 프로그램에 참여하고서 학생들의 자기 통제력이 향상되었다는 조사 결과도 나왔어요.

어른들의 디지털 디톡스도 사실 비슷해요. 하루 종일 업무 때문에, 혹은 습관적으로 화면을 확인하다 보면 뇌에 과부하가 오고, 더 피로감을 느껴요. 그럴 때 잠깐이라도 디지털 단식을 하면 뇌가 잠시나마 쉬면서 개운해집니다. 물론 처음에는 화면을 수시로 드나들던 습관을 바꾸는 데 애를 먹을 거예요. 하지만 조금만 인내심을 발휘하면 곧 새로운 환경에 적응하는 자신을 발견할 수 있습니다.

미래의 나에게 친절을 베풀자

나에게 쏟아지는 화면의 유혹을 뿌리치면 새로운 감각을 경험할 수 있어요. 사람이 하루에 쓸 수 있는 에너지의 총량은 정해져 있으니 화면에 에너지를 쏟아붓던 습관을 끊어 내는 것만으로도 몸과 마음의 균형 감각을 되찾을 수 있지요.

저는 이걸 '지연 보상' 개념과 함께 설명하곤 합니다. 지연 보상이란, 내 나름의 목표와 계획을 갖고 인내심을 발휘해 도전했을 때 나중에 더 크게 얻을 수 있는 보상을 가리켜요. 방 청소를 해치우거나 운동을 하는 식으로 에너지를 다르게 쓰면 같은 시간에 화면 위로 손가락을 튕기는 것보다는 더 많은 에너지를 써서 더 큰 보상(깨끗한 방, 건강한 몸)을 얻는다는 걸 경험할 수 있습니다.

자기 효능감은 결국 '무언가 해 본 경험'에서 비롯해요. 누가 시켜서(외적 동기) 하는 게 아니라 나 스스로(내적 동기) 부딪쳐서 무언가 해내면서 '아, 나는 이만큼 이렇게 해낼 수 있구나!'라는 경험치가 쌓이죠. 더 큰 보상을 위해 인내해 본 경험은 실제로 잠깐 재밌다가 이내 흥미가 떨어지는 경험만 하는 것보다 더 큰 이득으로 돌아오게 되니까요. 화면이 주는 가짜 위안과 가짜 해결책에서 눈을 돌려 보세요. 지연 보상을 성취할 수 있는 목표와 계획을 세우고 실천하는 게 나 자신에게 가장 이로운 선택입니다.

한국계 수학자 최초로 '수학계 노벨상'인 필즈상을 수상한 허

오늘 하루, 이번 달, 올해라는 시간을
잘 보내는 것은 미래의 나에게
귀한 선물을 주는 일이라 생각해요.

준이 교수가 한 예능 프로그램에 출연한 적이 있어요. 그는 미래의 나에게 친절을 베풀 수 있는 사람은 지금의 나라고 말했죠. 그 말처럼 오늘 하루, 이번 달, 올해라는 시간을 잘 보내는 것은 미래의 나에게 귀한 선물을 주는 일이라 생각해요. 그것이 지금의 내가 미래의 나에게 베풀 수 있는 친절이겠죠.

온라인 생활의 이로움을 받아들이면서도 그 해악을 직시하고 거기서 벗어나려고 노력하는 일은 화면 속 세상을, 거기에 담긴 나 자신의 삶을 사랑하기 때문에 시작되는 일입니다.

소음을
무시하는 힘

모든 걸 다 느껴 버렸을 때

저에게는 이제 막 대학 생활을 시작한 친구가 있어요. 그 친구는 중고등학교 때 열심히 공부하고 재수까지 해서 유명한 대학에 입학했어요. 인생이 탄탄대로 같았지요.

그런데 어느 날 친구에게 이상한 증상이 나타났어요. 바로 '무기력감'이었어요. 이대로 대학에서 공부해서 좋은 직업을 갖는 미래를 상상해 봤는데, 그게 하나도 행복하지 않았대요. '무엇하러 이렇게 힘들게 무난한 전공을 골랐을까?' 허무함이 밀려들었던 거예요.

화면을 통해 다른 사람들의 삶을 들여다봐도 다들 엇비슷해 보였대요. 취업하려고, 돈 벌려고 아등바등하는 것밖에 보이지 않더래요. 앞으로도 비슷하게, 하나도 재미없고 신나지 않는 인생이 펼쳐질 것이라 생각하니 아무 것도 하고 싶지 않아졌고요. 친구는 수업을 빠지기 시작했고, 급기야 성적 미달로 퇴학 처분을 받았어요. 걱정되는 마음에 친구를 만나 무엇이 가장 힘드냐고 물어봤어요. 잠시 고민하던 친구는 모든 걸 다 느껴 버린 것 같다고 하더군요. 그래서 아무것도 하고 싶지 않다고요. 자기 주변도, 심지어 온라인을 통해 보이는 세상도 '그게 그것' 같아서 앞으로의 자기 인생이 궁금하지도, 기대되지도 않는대요.

SF 영화 〈그녀〉에도 비슷한 대사가 등장해요.

내가 느낄 수 있는 감정을 모두 느껴 버린 것 같다.

이 영화 속에서 인간의 감정까지 프로그래밍할 수 있는 가까운 미래에 사는 주인공은 오히려 허무함과 외로움에 사무치곤 합니다. 화면이 보여 주는 세상이 전부처럼 느껴지면서 정보와 자극의 홍수 속을 허우적대다가 정작 '내 삶이 달라질 수 있는 가능성' 자체를 잊어버린 셈입니다. 다른 삶으로 나아갈 의욕과

용기조차 놓아 버린, '어차피 사는 건 그게 그것'이라는 무기력함이 주인공을 덮쳤습니다.

실제로 화면이 펼쳐 놓은 세상은 역동적이면서도 밋밋해요. 화면을 가득 채운 요란한 유행은 마치 그것이 트렌드의 전부인 것 같은 착각을 불러일으킵니다. 왠지 따라잡아야 할 것 같은, 나만 낙오되면 안 될 것 같은 분위기가 화면을 통해 여러 사람에게 전해져요. 이런 흐름에 누가 휘둘리지 않을 수 있겠어요?

자극적인 콘텐츠는 사람들의 시선을 사로잡으면서 더 자주 알고리즘의 추천을 받습니다. 사람들은 반복적으로 극단적인 영상이나 이야기를 접하며 '세상 사는 게 다 저런가 보다' 짐작하기도 합니다.

추천 알고리즘으로 '필터 버블'에 갇히면서 우리는 비슷한 패션, 비슷한 의견, 비슷한 자극을 동일하고 반복적으로 접하게

📁 필터 버블

인터넷에서 내가 자주 보는 콘텐츠나 검색하는 내용에 따라, 비슷한 정보만 계속 보이는 현상을 가리키는 용어다. 한 가지 주제의 영상이나 쇼츠를 보다 보면 다음에도 계속 비슷한 영상이 뜨기 때문에 내가 이미 좋아하거나 익숙한 것만 자꾸 보게 된다. 마치 투명한 필터 안에 갇힌 것처럼 세상을 좁게 보게 만들 수 있어 '필터 버블'이라고 부른다.

됩니다. 이는 단지 화면 속에 붙박이처럼 머무르는 걸 넘어 화면으로 인해 납작하게 찌그러진 세계관을 갖는 부작용으로 이어질 수 있습니다. 사람들이 자극적이고 부정적인 콘텐츠에 보다 많은 관심을 보이고, 그런 것들이 더 빨리 퍼진다는 사실을 생각해 보면 더욱 그렇죠. 화면 속 세상은 매우 단편적이에요.

▶ 소음을 걸러 내는 연습

10년간 구글에서 전략가로 일해 온 제임스 윌리엄스는 이런 상황일수록 "내가 진짜 바라는 걸 원하는 능력을 개발해야 한다."라고 강조합니다. 자신이 진짜로 바라는 게 무엇인지 알고, 그걸 얻기 위해 온 힘을 다하는 경험이 중요하다는 겁니다. 그렇게 부딪쳐 봐야 비로소 불필요한 소음을 무시하는 힘을 기를 수 있다고요. 내가 그다지 원하지 않는데도 내 시간을 은근슬쩍 빼앗는 것들, 내 결정을 좌우하려는 잡음들에 무방비하게 휩쓸리지 않는 연습이 필요합니다.

퇴학을 당한 제 친구는 어떻게 지내고 있을까요? 놀랍게도 멋지게 지내고 있습니다. 예전부터 손재주가 있었던 친구는 이참에 자신의 재능을 발휘할 수 있는 새로운 전공을 찾아 나섰어요. 다시 수능을 준비해서 새로운 대학, 자신에게 잘 맞는 전공을 선택해 입학했습니다. 공부하는 틈틈이 직접 만든 작품을 인스타그램에 종종 올리면서 따로 포트폴리오 계정을 운영하고 있어요. 그 친구는 힘차게 자기 길을 개척하고 있습니다. 불과 1~2년 전까지만 해도 더 이상 느낄 게 남아 있지 않다며 무기력했던 친구라는 게 믿기지 않을 정도로요. 턱끝까지 꽉 채웠던 주변의 소음을 모두 털어 냈기 때문에 '이제는 진짜 내가 원하는 삶을 살겠다'는 동기를 얻은 게 아닐까요? 친구는 이제 자신이 원하는 걸 좇으며 불필요한 자극은 무시하는 힘을 기르고 있답니다.

공짜가
제일 비싸다

화면은 공짜가 아니다

진짜 바라는 것을 원하는 능력, 그리고 불필요한 것을 무시하는 힘. 이 두 가지는 곧 '질문하는 힘'입니다. 예를 들어 무언가 무척 사고 싶을 때 '진짜로 사고 싶은 걸까?'라고 나 자신에게 되묻는 힘이죠. 남들이 다 사니까, 나만 안 사면 뒤처지는 기분이 드니까 사고 싶다고 착각하고 있는 건 아닌지 자문해 보는 힘입니다. 저는 '남들이 다 쓰는 걸 보니 나도 한번 써 보고 싶다'는 마음 또한 솔직하게 인정하고, 지갑을 열기도 합니다.

적어도 나도 모르는 채로 정신없이 돈을 쓰지는 않으려 해요.

온라인 생활이 결국 나의 시간과 에너지(집중력)를 들이는 일이라면 질문을 습관화해 봐도 좋습니다. 내가 반복해서 시청하는 이 영상, 진짜로 재밌어서 보고 있나? 숙제도 제쳐 놓고 하는 이 게임, 나에게 어떤 유익이 있는 걸까? 혹시 '남 좋은 일'만 하고 있는 게 아닐까? 질문을 던지고 정확하게 답해 봐야 합니다.

어떤 사람은 지금의 온라인 생활을 '기술 봉건주의'라고 표현합니다. 봉건주의란 중세 유럽에서 나타난 사회 구조로, 땅을 가진 사람이 권력을 갖고, 그 땅에서 일하는 사람은 그에게 의존하며 살아가는 사회 형태를 말해요. 왕이나 영주는 농민에게 땅을 빌려주고, 농민은 세금이나 노동으로 보답했죠. 농민은 쉽게 그 땅을 떠날 수 없었고, 영주의 권력 아래에 머물러야 했어요. 오늘날 일부 사람들은 온라인 플랫폼 안에서 벗어나지 못하는 모습이 이와 비슷하다며 '기술 봉건주의'라는 말을 쓰는 거예요. 예를 들어 쿠팡이나 아마존 같은 쇼핑 앱을 자주 쓰다 보면 너무 익숙해져서, 나중에 이용료가 오르더라도 어쩔 수 없이 계속 그 앱을 쓰게 되잖아요. 마치 중세 시대에 농노가 영주의 땅에서 벗어나지 못했던 것처럼요. 큰돈을 들여 화면 속 세상을 만든 플랫폼 회사들이, 사람들을 그 안에 머물게 한 다음 점점 더 많은 돈을 벌어들이는 모습이 그와 닮았지요.

비슷한 이야기를 조금 다르게 설명해 볼게요. 유명한 벤처 투자자 크리스 딕슨은 오늘날의 인터넷 세상을 디즈니랜드에 비유했어요. 한번 상상해 봐요. 내가 디즈니랜드 안에 식당을 차렸는데 장사가 잘된다면 디즈니랜드 운영자가 운영 규칙을 바꿔 더 높은 임대료를 요구할 수 있겠죠? 디즈니랜드 안에 들어가면 디즈니랜드가 모든 걸 결정하잖아요. 우리가 자주 이용하는 애플이나 구글 같은 플랫폼의 속셈도 이와 비슷하다는 거예요. 우리는 그 안에서 시간을 보낼 뿐 아니라 민감한 정보를 저장하고, 생계를 꾸리며, 소중한 자료까지 보관해요. 플랫폼 회사들이 우리 생활에 점점 더 많은 영향력을 가지게 되니 결국 우리는 점점 더 많은 돈과 시간, 관심을 바치게 되는 셈이고요.

만약 온라인 생활이 나에게 해롭다고 느껴진다면 "이건 아닌 것 같다!"라고 플랫폼에 말할 수 있어야 해요. 지금 우리는 내 삶의 주인이 될지, 아니면 화면에 끌려다닐지 결정하는 갈림길에 서 있습니다.

플랫폼은 어떻게 돈을 벌까

지피지기면 백전백승이라는 말이 있지요. 적을 알고 나를 알면 100번 싸워 100번 이길 수 있다! 화면 속 세상, 온라인 생활에서도 이 말을 동일하게 적용할 수 있습니다. 평소에 쓰고 있는 온라인 화면을 그저 '쓰는 것'에 그치지 않고 다음과 같이 질문해 볼까요?

- 이 화면은 도대체 누가 만든 걸까?

- 이 화면은 어떻게 만든 걸까?

- 나는 이 서비스에 한 번도 돈을 낸 적이 없는데, 그럼 이 화면을 만든 사람들은 땅을 파서 장사하는 건가? 아니라면 구체적으로 어떻게 돈을 벌고 있는 걸까?

- 플랫폼이 돈을 버는 방식이 내 생활에 악영향을 끼치진 않나?

- 어떤 점이 문제일까? 그 문제를 해결하고자 하는 움직임이 있나?

너무나 자연스럽고 당연했던 온라인 생활에 다양한 질문을 던지는 것만으로도 우리는 우리의 일상, 그걸 에워싼 화면 속 세상에 대해 훨씬 다른 관점을 가질 수 있습니다. 인스타그램을 예로 들어 볼까요? 우리는 인스타그램에 돈을 내지 않아요. 그 대신 인스타그램은 우리가 보는 화면에 자꾸만 광고를 띄우죠. 광고를 올리고 싶은 회사들이 인스타그램에 돈을 내고요. 이게 인스타그램 수익의 대부분을 차지합니다. 그래서 인스타그램은 더 많은 사람을 모으려 하고, 누가 어떤 광고에 관심을 가질지 계속 분석해요. 페이스북, 유튜브 등도 마찬가지예요. 2021년 페이스북 광고 매출은 전체 매출의 97퍼센트에 달했습니다. 또 유튜브를 통해 광고 사업을 하는 구글은 디지털 광고의 비중이 매출에서 80퍼센트 이상이죠.

넷플릭스는 조금 달라요. 사람들이 구독료를 내고 이용하죠. 그래서 이용자가 계속 구독하도록 지속해서 새로운 작품, 독점 신작을 공개합니다. 최근에는 광고를 보면 더 저렴하게 이용할 수 있는 요금제도 만들었고, 하나의 계정을 여러 사람이 쓰는 것도 단속하기 시작했어요. 구독과 광고, 두 가지 수익을 함께 챙기는 것이 넷플릭스가 'OTT 제국'을 운영하는 방법이에요.

그 외 다른 방법으로 돈을 버는 회사도 있어요. '로빈후드'라는 미국의 주식 앱은 수수료 없이 주식 거래를 할 수 있어서 인기를 끌었어요. 그렇다면 로빈후드는 어떻게 돈을 벌까요? 개인 투자자들이 거래한 데이터를 큰 기관에 판매해요. 기관 투자가 시장 흐름을 분석하기 위해 개인 투자자들의 거래 데이터를 큰돈을 주고 구매하는 거죠. 이용자는 공짜로 쓰지만, 그 안에서 나온 정보가 돈이 되는 거예요. 3부에서 언급한 '당신이 곧 상품'이라는 IT 업계의 격언에 잘 들어맞는 예시라 할 수 있습니다.

배달 앱도 비슷합니다. 쿠팡이츠는 배달비를 없애고 쿠팡 서비스와 쿠팡플레이까지 함께 쓸 수 있는 멤버십을 만들었어요. 당장은 적자가 나더라도, 더 많은 사람을 유료 멤버십 회원으로 만들어 계속 붙잡아 두려는 전략입니다.

이러한 시도는 규제 대상이 되기도 합니다. 예컨대 로빈후드처럼 데이터를 팔아 돈을 버는 방식은 유럽 연합에서 전면 금지를 검토 중이에요. 미국에서도 논란이 되고 있거든요. 온라인 플랫폼이 더 많은 수익을 얻기 위해 개인 투자자가 더 많이 투자하도록 조장할 수 있기 때문이죠. 플랫폼도 무한히 커질 수는 없습니다. 자본주의에서도 시장을 건강하게 유지하기 위해 힘의 균형을 고민하는 주체들이 있습니다.

이로운 기술, 모두에게 이로울까?

기울어진 화면

우리가 화면 속 세상을 더 나은 곳으로 만들어 가는 데 필요한 관점은 '이로움을 어떻게 분배할 것인가'에 있습니다. 스탠퍼드대학교 교육대학원 존 윌린스키 교수는 앞으로 수십 년간 온라인 생활이 "전체적으로는 개개인에게 이롭지만, 그 이로움이 불평등하게 분배될 것"이라고 꼬집었어요.

코로나19 시기를 떠올려 볼까요? 당시 많은 학교에서는 원격 수업을 대대적으로 도입했어요. 그런데 가정 형편이 어려운 학생일수록 낡은 기기를 쓰거나 수업에 집중하기 어려운 환경에서 수업을 들어야 했어요. 화면으로 제때 질문을 하지 못한 채 수업 내용을 흘려보내는 일이 많았고요. 한 논문에서는 같은 세대 안에서도 교육 수준에 따라 '디지털 네이티브'와 '디지털 이방인'으로 나뉜다고 했어요.

가짜 뉴스를 판단하는 문해력, 온라인 생활을 스스로 조절할 줄 아는 능력, 새로운 기술을 익히고 주도적으로 사용할 수 있는 환경, 주변에 도와주는 사람이나 제도가 있는지 여부는 모두 중요한 차이를 만들어 내요. 결국 이런 차이는 기술이나 화면의 문제를 넘어, 각자 처한 상황의 불평등에서 비롯합니다.

그렇게 누군가는 더 자극적이고 강렬한 화면에 반복적으로 노출되는 반면, 다른 누군가는 화면 속 세상을 발판 삼아 더 큰 부를 쌓아 갑니다. 같은 화면을 두고 정반대의 결과가 나타나는 거예요. 이것이 바로 불평등에 따른 역설입니다.

더 나은 화면을 만드는 질문

지금도 세계 곳곳에서는 온라인 생활의 좋은 점은 더하고, 해로운 점은 줄이기 위한 고민과 실천이 구체적으로 이어지고 있어요.

영국의 금융 감독 기관인 금융행위감독청에서는 영국 내 주식 거래 앱에 게임처럼 보상이나 축하 메시지를 띄워 주는 앱 디자인은 무분별한 주식 거래를 유도할 수 있다고 경고했죠. 화면 속 세상이 도박과 비슷해진다면 반드시 규제해야 한다는 취지라고 이해할 수 있어요.

온라인 생활에 따른 실제 피해가 발생하기 전에 앱 디자인에 관해 미리 경고했다는 점에서 주목할 만합니다. 개인이 디지털 디톡스를 실천하거나 멍청이폰을 사용하며 온라인 생활의 균형 감각을 되찾기 위해 애쓰는 동안 사회도 함께 고민하고 있죠. 어떻게 하면 화면을 이롭게 쓰면서도 거기에 매몰되지 않을까 고민하고 실천하는 흐름이 커지고 있습니다.

미국과 유럽에서는 화면을 설계하는 거대 플랫폼에 '반독점법'을 적용해 책임을 묻는 움직임도 커지고 있습니다. 미국 정부가 구글, 애플, 아마존, 메타 등 내로라하는 빅테크 기업들을 상대로 소송을 건 것이죠.

반독점법이란 한 기업이 시장을 장악하면서 다른 경쟁자가 참여하지 못하도록 막는 행위를 금지하는 법이에요. 경쟁자가 없으면, 그 회사가 가격을 마음대로 정하거나 자기에게 유리한 방식으로 시장을 운영할 수 있기 때문에 결국 소비자들이 불편을 겪게 되죠. 반독점법은 그러한 '독점'에 반대하는 것입니다.

반독점법은 특히 미국에서 강력하게 작용합니다. 1990년대 후반에는 마이크로소프트가 소송을 당한 적이 있었어요. 윈도우 운영 체제에 자기 회사 웹 브라우저(익스플로러)를 기본으로 깔아 두어 경쟁사를 밀어내려 했다는 이유였죠. 이 일로 마이크로소프트는 회사를 둘로 나누라는 명령을 받기도 했어요.

최근에는 구글도 소송에 휘말렸어요. 검색 서비스를 혼자서 독점하고 있다는 이유였죠. 만약 이 소송에서 구글이 진다면, 구글 역시 회사를 해체해야 하는 위기에 놓일 수 있습니다.

이처럼 화면 속 세상은 빅테크 플랫폼이나 서비스 개발자들끼리 만드는 것이 아닙니다. 그 안에서 살아가는 우리 모두가 함께 합의하며 만들어 가야 해요. 온라인 생활이 더욱 안전하고 건강해지려면 그런 방향으로 기업들이 더 노력하게 만들어야 해요.

예를 들어 미성년자 보호를 위해 콘텐츠 검수자를 늘리거나, 온라인에서 문제가 생겼을 때 빠르게 대응하는 시스템을 갖추도록 요구해야 하죠. 화면 속 세상을 더 많은 이에게 이롭게 만들 때 기업에도 이득이 되는 방안을 고민해야 해요. 우리 모두가 함께 질문하고 만들어 가야 할 숙제입니다.

화면 속 세상이 완벽하게 공정하고 이로운 공간으로 바뀌기는 어려울 거예요. 기술은 빠르게 발전하고, 기업들은 새로운 방식으로 사람들의 시선을 끌고 소비를 유도할 테니까요. 그럴수록 우리는 눈에 불을 켜고 지켜봐야 합니다. 기술 발전 이면에 숨겨진 불평등과 부작용을 감시하고, 플랫폼과 기업이 책임을 다하도록 요구해야 해요. 이는 정부와 기업, 전문가, 우리 모두가 함께해야 할 일이에요.

> 당신의 잘못은 아니지만, 당신의 책임입니다.

중독과 도파민 보상 체계에 대해 연구하는 스탠퍼드대학교 애나 렘키 교수의 말이에요. 기술이 우리 삶을 좋게 만들도록 하기 위해서는, 기술을 설계하는 사람들뿐 아니라 그 기술을 쓰는 우리 모두의 책임과 지혜도 필요합니다.

우리는 이 게임의
주인이 될 수 있어

내 삶의 빛과 그림자 끌어안기

2016년쯤 암스테르담 국립 미술관에서 찍힌 사진 한 장이 화제가 되었습니다. 사진 속 아이들은 렘브란트의 대작 〈야경꾼〉을 등진 채 스마트폰을 내려다보고 있었습니다. 눈앞에 있는 명작은 보이지 않았던 걸까요? 이 사진이 논란의 중심에 서면서 걱정하는 목소리가 나왔습니다. 화면 밖에 굉장한 경험의 기회가 있음에도 그걸 외면한 채 화면에만 푹 빠진 아이들의 모습은 온라인 생활이 가져온 폐해를 극단적으로 보여 준다는 비판이 있었지요.

그런데 이 사진에는 잘 알려지지 않은 비하인드 스토리가 숨어 있었습니다. 사실 사진 속 아이들은 누구보다 적극적으로 예술 작품을 감상 중이었어요. 현장에서 작품을 둘러보면서 해설까지 들었고, 그 후 해당 미술관의 앱을 활용해 숙제를 하고 있었어요. 선생님의 지도에 따라 화면 밖 작품을 보는 동시에 작품에 대한 다양한 이야기를 화면을 통해 공부했다고 해요. 온라인이라는 도구를 적극적으로 활용하면서 다각도로 예술을 경험하는 연습을 하고 있었던 것이죠!

우리는 온라인 생활을 희망찬 미래와 연결할 수 있어요. 한 조사에 따르면 Z세대 응답자 절반가량이 게임을 하며 정신 건강 문제를 해결하는 데 도움을 받았다고 밝혔어요. 가상 현실 기술은 외상 후 스트레스 장애를 겪는 환자를 치료하거나 치매 환자의 인지 기능을 개선하고 우울감을 줄이는 데 쓰이기도 하

📁 외상 후 스트레스 장애

무섭고 충격적인 일을 겪은 뒤에 생기는 정신적 어려움을 말한다. 사고나 재난, 폭력 같은 큰 사건을 경험한 사람은 시간이 지나도 그 기억에서 벗어나지 못하고 계속 불안해하거나, 악몽을 꾸고, 평소와 다르게 행동하는 증상이 나타날 수 있다.

고요. 누군가가 무엇 때문에 화면을 쓰느냐에 따라 화면과 인간의 관계는 전혀 다른 엔딩에 도달할 수 있습니다.

칼은 사람을 죽일 수도 있지만, 사람을 살리는 메스도 될 수 있죠. 도구를 만들고 도구를 쓰는 우리 자신을 되돌아보는 게 중요합니다.

화면 속 세상은 우리 생각보다 더 넓고, 앞으로 더 넓어질 거예요. 거기서 우리가 어떤 삶을 만들어 갈지는 정해져 있지 않습니다. 그 삶을 기획하고 디자인하고 만들어 가는 것은 우리의 몫이에요.

화면 속 세상이 우리의 무한 게임을 제한하지 않도록, 혹여나 잘못된 방향으로 흘러가지 않도록 무한 맵을 정비하고 개선하는 것 또한 우리가 할 일입니다. 말 그대로 '무한' 게임이니까요. 무한 게임에서는 스스로 질문을 던지고, 목표를 세우고, 무언가 만들어 가는 과정에서 발생하는 문제를 해결하면서 재미와 의미를 찾아가는 것이 핵심이죠. 원하는 것을 바라는 힘, 소음을 무시하는 힘, 즉 질문하는 힘은 결국 우리가 온라인 생활이라는 무한 게임을 살아가는 데 필요한 힘입니다.

온라인에서 나의 권리(사진이 무단으로 공유되지 않을 권리, 잊힐 권리 등)가 존중받지 못한다고 느낀 경험이 있다면 이야기해 보자.

몰입과 중독의 차이를 구별할 수 있을까?

내가 사용하는 앱에 '이런 기능이 추가되면 더 건강하게 쓸 수 있겠다'고 생각해 본 적 있다면 나눠 보자.

일부러 화면을 멀리해 본 경험이 있을까? 하루 동안 화면을 멀리하고 다른 활동을 한다면 어떤 변화를 느낄 수 있을까?

화면을 '사람을 살리는 메스'처럼 긍정적으로 활용했던 나만의 경험이 있다면 나눠 보자.

에필로그

저는 10대 때까지만 해도 평범한 학생이었습니다. 그런데 고등학교 3학년 때 친한 친구가 백혈병으로, 스무 살 때는 아버지가 췌장암으로 하늘나라로 떠났습니다. 그 후 삶의 시간을 보는 관점이 완전히 뒤바뀌었어요. 사람은 내일, 아니 오늘 갑자기 죽어도 전혀 이상하지 않을 만큼 약한 존재라는 걸 깨달았기 때문입니다.

20대 초반에는 방황을 많이 했습니다. 도대체 왜 공부를 하고 취업을 해야 하는지, 무언가 열심히 노력해야 한다면 왜 그래야 하는지 그 이유를 찾기 어려웠거든요. 그러다가 화면 속 세상을 만나며 큰 위로와 변화를 겪었습니다. 주변에 말하지 못했던 괴로운 마음을 차분히 글로 적어서 소셜 미디어에 공유하면서 많은 사람에게 공감과 위안을 얻었습니다.

온라인에 글을 쓰던 경험은 훗날 제가 기자로 일하는 바탕이 되었어요. 저는 글을 통해 사람들에게 조금이라도 더 나은 영향력을 주는 사람이 되고 싶어졌어요. 그래서 온라인으로 콘텐츠를 만들고, 그걸 주변에 널리 알리는 데 제 계정을 활용했지요. 점차 저를 알아보는 분들이 늘어났고, 나중에는 IT에 관해 공부하고 취재했던 내용을 재밌는 틱톡 영상으로 만들기도 했습니다.

물론 온라인 생활이 항상 행복하지만은 않았습니다. 악플러가 제 개인 계정에까지 찾아와 DM을 보낸 적도 있고, 온라인을 통해 더 많은 성과를 내지 못해 괴로운 적도 많았습니다. 그럼에도 저는 뜻이 맞는 사람들과 함께 계속 화면에서 일합니다. 화면 속 세상이 없었다면 각지에 있는 사람들, 마음이 맞고 신뢰할 수 있는 이들과 연결되어 일할 수 없었을 겁니다. 이 모든 게 온라인으로 말미암아 가능한 변화였습니다.

화면 속 세상은 문제가 많습니다. 청소년에게 우울증과 불안 장애를 조장한다는 질타를 받고 있고, 가짜 뉴스로 인해 갖은 잡음에 시달리는 사람들도 적잖습니다. 인공 지능의 발달은 사람들에게 무엇이든 좀 더 생산적으로 쉽게 창작할 수 있는 능력을 주었지만, 무엇이든 쉽게 조작하거나 가로채는 빌미 또한 제공합니다.

그래서 저는 화면으로부터 건강하게 거리를 두려 하면서도 어떻게 화면과 더불어 살아갈지 늘 고민해요. 온라인 생활에 대한 고민이 '내 삶을 어떻게 살아갈까'라는 화두와 무관하지 않으니까요. 저는 자유롭게 다양한 사람과 연결되어 일하는 지금 제 삶을 너무나 사랑해요. 그렇기 때문에 화면 속 세상이 더 건강해지기를, 더 나아지기를 바랍니다.

이 자리를 빌려, 미약하게나마 그 고민을 이어 가는 제게 먼저 출판을 제안해 준 우리학교 출판사와, 오늘도 같이 문제를 해결해 가는 스텔러스 파트너들, 언제나 힘이 되어 주는 가족들에게 감사를 전합니다. 앞으로 나보다 더 오랜 세월을 살아갈 딸 서율이에게 이 책이 용기가 되길 기도합니다.

참고 자료

1부 로그아웃할 수 없는 우리

- 「Emoticon」. 《Encyclopaedia Britannica》. 2023.
- 「Most of us spend nearly a third of our lives looking at devices」. NordVPN.
- 「Selfie Statistics demographics, & fun facts」. Photutorial. 2023.
- 「Shifts in How Couples Meet: Online Takes the Top Spot」. FlowingData. 2019.3.15.
- 「2025年10月版! 日本国内人気SNSユーザー数ランキング｜X(Twitter), Instagram, TikTokなど15媒体」. 《WE LOVE SOCIAL》. 2025.10.1.

- 「더 이상 보헤미안 랩소디는 없는가」. 《한림미디어랩 The H》. 2019.5.11.
- 「'버추얼 그룹' 플레이브, 앙코르 팬콘 선예매 티켓 10분만에 매진」. 《뉴스1》. 2024.9.6.
- 「삼성페이 덕에…간편결제 작년 17조 늘었다」. 《매일경제》. 2024.2.12.
- 「《스노우》와 《에픽》, AI 기능 출시로 각각 누적 매출의 93%, 99%에 해당하는 매출 올해 달성…매출이 18배 성장하며 스노우는 전 세계 사진 및 동영상 퍼블리셔 매출 성장 순위 8위」. 센서타워. 2023.12.
- 「"10대 청소년, 하루 8시간 인터넷 사용"…평균 수면 시간과 비슷」. 《연합뉴스》. 2022.12.1.
- 「아이템 거래 시장 1조 1,140억원 규모…전년비 7.1% 줄어」. 《게임뉴스》. 2023.4.12.
- 「IT 발전의 역사 속에서 변해 온 이모티콘」. 《매일신문》. 2015.6.27.
- 「AI 안경 또 등장… AR보다는 AI 기능에 집중」. 《AI타임스》. 2024.2.13.
- 「영유아의 스마트 미디어 사용 실태 및 부모 인식 분석」. 《육아정책연구》. 제13권 제3호.
- 「5년간 지점 651곳 문 닫은 시중은행…"금융 취약계층 피해 우려"」. 《경향신문》. 2023.10.13.
- 「[21세기 키워드] N세대」. 《중앙일보》. 2002.2.25.
- 「2023 디지털 크리에이터 미디어 산업 실태 조사」. 과학기술정보통신부 · 한국전파진흥협회. 2024.1.10.
- 「인터넷은행 자산 100조 질주…기업은행 가계대출 규모도 추월」. 《뉴스핌》. 2024.4.2.
- 「해외주식투자 30년간 70만배 증가」. 《내일신문》. 2024.7.9.
- 「행안부, "AI프로필 사진 주민등록증에 사용할 수 없어"」. KBS 뉴스. 2023.6.27.

2부 화면이 나를 말해 준다면

- 「Content Is King」, SlideShare, 1996.3.1.
- 「Global Video Game Consumer: Market Overview」, DFC Intelligence, 2023.4.
- 「The Metaverse Will Make Gamers of Us All」, 《CoinDesk》, 2022.5.24.
- 「2022 Digital media trends, 16th edition: Toward the metaverse」, 《Deloitte》, 2022.3.28.

- 「가격인상에 직원 트럭시위까지… 고심하는 스타벅스」, 《브릿지경제》, 2024.10.29.
- 「게이미피케이션, 어떻게 설계해야 할까?」, 브런치, 2023.6.8.
- 「2022 게임 이용자 실태 조사」, 한국콘텐츠진흥원, 2022.8.31.
- 「2023 게임 이용자 실태 조사」, 한국콘텐츠진흥원, 2023.10.16.
- 「페이스북: 5000만 개인정보 유출 어떻게 가능했나?」, 《BBC NEWS 코리아》, 2018.3.21.

3부 누가 내 시간을 노리나

- 「Can GenAI Do Strategy?」, 《Harvard Business Review》, 2023.11.24.
- 「Cybercrime Expected To Skyrocket in Coming Years」, Statista, 2024.2.22.
- 「Digital 2024 July Global Statshot Report」, DataReportal, 2024.7.31.
- 「"L'IA amplifie l'intelligence humaine comme la machine amplifie la force", juge l'un de ses peres, Yann le Cun」, Radio France, 2023.4.12.
- 「Netflix: Fortnite is a bigger rival than HBO」, 《The Washington Post》, 2019.1.18.
- 「Nightmare scenario: alarm as advertisers seek to plug into our dreams」, 《The Guardian》, 2021.7.5.
- 「Social media apps are 'deliberately' addictive to users」, BBC, 2018.7.4.
- 「Streaming as a Virtual Being: The Complex Relationship Between VTubers and Identity」, Malm University, 2022.6.5.
- 「Vitalik Buterin says he created ethereum after his beloved World of Warcraft character was hobbled by the developers, awakening him to the 'horrors centralized services can bring'」, 《Business Insider》, 2021.10.5.
- 「Why Software Is Eating the World」, Andreessen Horowitz, 2011.8.20.

▶ 참고 자료

- 「국민 절반은 인스타그램을 한다…이용자 수 5년 만에 두 배로」, 《경향신문》, 2024.3.19.
- 「넥슨, 메이플스토리 유저에게 219억원 보상…역대 최대 규모」, 《한국경제》, 2024.9.22.
- 「"목숨 건 인생샷"…셀카 찍다 14년간 400명 사망」, 《한국경제》, 2023.12.3.
- 「부모·가족도 못 보는 사망자 스마트폰…유산관리자 기능 '유명무실'」, 《KPI뉴스》, 2022.11.17.
- 「빅플래닛 유튜브 채널, 해킹 당해 테슬라로 변경 "복귀 노력 중"」, 《뉴스1》, 2024.9.5.
- 「샘 올트먼의 기본소득 실험, 사람 아닌 AI 위한 것 아닐까」, 《아웃스탠딩》, 2024.8.28.
- 「"셀카처럼 수술해주세요" 신종질환 '셀카이형증'」, 《한겨레》, 2019.10.13.
- 「15주년 맞은 LoL, 한국 10대 남성 70% 즐겨…주 평균 1692만 시간 플레이」, 《디지털데일리》, 2024.10.10.
- 「어떠한 데이터가 온라인에 유출될 경우 가장 두려우시나요?」, NordVPN, 2021.8.8.
- 「AI로 일자리 341만개 대체…고소득·고학력일수록 가능성↑」, 《연합뉴스》, 2024.7.15.
- 「"AI 여친에게 월 1000만원을 쓴다" AI 연인 비즈니스 한판 정리」, 파운더 스토리, 2024.6.26.
- 「MZ세대 20% "친구가 없다"…전세계 '외로움 위기' 주의보」, 《매일경제》, 2022.2.9.
- 「오픈AI "챗GPT 주간 사용자 수 2억명…작년 가을의 2배"」, 《연합뉴스》, 2024.8.30.
- 「외로움도 질병…영국의 해답은 '사회적 처방'」, KBS 뉴스, 2024.1.28.
- 「2024년 Netflix 가입자, 사용량 및 수익 통계」, Tridens, 2024.3.13.
- 「2024 외로움 관련 인식 조사」, 트렌드모니터, 2024.4.4.
- 「일본 친구 대여, "시간당 3만원!" 친구 빌려주는 대신 조건은…」, 《조선일보》, 2013.10.28.
- 「"일자리 90%, 6년뒤 AI로 대체 가능"」, 《동아일보》, 2024.7.16.
- 「지금까지 우리가 알던 세상은 끝났다: 인간의 뇌 vs AI [미래탐험포럼]」, EO Planet, 2024.11.26.
- 「테슬라가 쏘아 올린 '구독 피로'의 시대」, 《더스쿠프》, 2023.1.23.
- 「페북 세상에 나온지 20년…SNS는 세상을 어떻게 바꿨나」, 《한국경제》, 2024.2.10.
- 「"페북·인스타 무한 알림·스크롤에 청소년 도파민 중독"」, 《조선일보》, 2024.10.22.
- 「'포트나이트', 역대 누적플레이 시간 1위…총 1041만년」, 《게임톡》, 2020.9.13.
- 「한화손해보험, '2539 남녀 외로움 및 관계맺기' 조사 리포트 발표」, 《한국경제》, 2024.8.20.

4부 로그아웃을 시작합니다

- 「Chris Dixon thinks web3 is the future of the internet—is it?」, 《The Verge》, 2022.4.12.

- 「Gaming trading: how trading apps could be engaging consumers for the worse」.

  Financial Conduct Authority, 2022.11.21.

- 「Gen Z has lived their entire lives online. Some are fed up」. CBS News, 2022.5.5.

- 「'게이미피케이션은 유사 도박행위'… 금융 앱에 대한 경고」. 《아웃스탠딩》, 2023.1.18.

- 「광고 줄자 美빅테크 실적질주 끝…네카도 빨간불」. 《한국경제》, 2022.7.31.

- 「로빈후드, SEC 위원장 PFOF 금지 시사 후 주가 급락」. 《연합인포맥스》, 2021.8.31.

- 「美변호사 이어 日의사고시 합격한 챗GPT…"전문직들, 의자 빼?"」. 《뉴스1》, 2023.5.10.

- 「반독점 소송은 제국을 무너뜨릴까? 26년 전 MS 사건이 남긴 것」. 《동아일보》, 2024.3.27.

- 「빅테크라는 봉건지주…그 아래 자발적 노예가 된 인간들」. 《한국경제》, 2023.10.20.

- 「사업을 제대로 하기 위해 OOOOO를 가져야 한다? 로빈후드 이야기」. 데이제로 인사이트.

  2024.5.30.

- 「수능 국어 '1등급' 받아든 AI "인간은 AI 더 의심하고 학습해야"」. 《경향신문》, 2024.11.25.

- 「스마트폰 멀리하고야 깨달았다… '아, 나 마라톤 좋아하네'」. 《한겨레》, 2024.1.22.

- 「"전화도 카톡도 하지 마세요"… 휴대폰 걸어 잠그는 2030」. 《한국경제》, 2023.10.12.

- 「챗GPT가 못 푸는 문제도 척척… 생성형 넘어 '추론형 AI' 성큼」. 《동아일보》, 2024.12.27.

- 「페이스북, 올 3분기 광고 매출 282억7600만 달러… 전체 매출의 97% 차지」. 《브랜드 브리프》,

  2021.10.26.

▶ 참고 자료